Adolphe d'Assier

Les Inondations du bassin de la Garonne

Histoire

ISBN : 978-1722227982

10 9 8 7 6 5 4 3 2 1

Adolphe d'Assier

Les Inondations du bassin de la Garonne

Histoire

Table de Matières

Introduction

Les événements qui vers le milieu de l'année 1875 ont pesé si inopinément sur le midi de la France sont encore présents à tous les esprits. Toute la région sous-pyrénéenne qui embrasse le cours supérieur et moyen de la Garonne, ainsi que les vallées qui y débouchent, ont été le théâtre d'un de ces cataclysmes qui épouvantent les nations et dont nos annales n'offrent pas d'autres exemples depuis celui qu'a décrit notre plus ancien chroniqueur, Grégoire de Tours. En quelques heures, une cité de 20,000 habitants, Saint-Cyprien, qui n'est séparé de Toulouse que par la largeur du fleuve, ne présentait plus qu'une vaste nécropole. Il en était de même des petites villes situées sur les rives de la Garonne ou de ses affluents. Près de 7,000 maisons s'écroulaient sous la pression des flots, et plusieurs milliers de personnes, sans abri contre le froid et les pluies torrentielles, Voyaient leurs champs ravagés, leurs maisons détruites, et, chose plus lamentable encore, quelques-uns des leurs ensevelis sous les débris des habitations ou entraînés par les eaux. Puis les torrents rentraient dans leurs lits, et chacun put contempler l'énormité des désastres et se rendre compte de l'étendue de sa ruine. Cependant la France s'émut au premier cri d'alarme, et, suivant le généreux exemple donné par l'assemblée nationale et le président de la république, elle n'eut qu'une même pensée, voler au secours des victimes. Grâce à cet élan spontané de la nation, après les premiers soins apportés à ceux qui se trouvaient sans abri, sans pain, sans vêtements, on s'occupa de leur venir en aide d'une façon plus durable en reconstruisant leurs demeures et en leur fournissant les instruments nécessaires pour reprendre le travail. Les enquêtes administratives nous ont révélé le nombre des victimes et le chiffre des pertes essuyées par les départements atteints ; mais il est des questions d'une importance réelle se rattachant aux causes ou aux conséquences de ces désastres, sur lesquelles on a trop légèrement glissé ou qui sont passées inaperçues. Me trouvant lors de l'inondation dans un vallon des Pyrénées, au centre du massif montueux où est venu s'abattre l'orage et d'où descendent les torrents qui ont porté leur ravage dans la plaine, j'ai été témoin des diverses phases de ce phénomène géologique, et peut-être, en racontant ce qui s'est passé autour de moi pendant ces longues heures de mortelles angoisses, pourrai-je compléter sur plusieurs points ce qui été dit à ce sujet, et fournir quelques nouveaux matériaux à ceux qui voudront retracer dans une vue d'ensemble la physionomie de ce grand drame.

Section I

Disons d'abord que, si les cultivateurs de la plaine vaquaient à leurs travaux dans une sécurité complète, certains pressentiments s'étaient fait jour chez les populations pyrénéennes. La longueur ainsi que la rigueur exceptionnelle de l'hiver avaient accumulé d'immenses quantités de neige sur toute la chaîne. Une fonte subite amenée par les pluies d'été pouvait transformer soudainement ces masses en liquide et les jeter en quelques heures dans les vallées. Dès les premiers jours de mai, j'étais venu à Aulus-les-Bains, une de ces petites stations thermales de la Haute-Ariège où viennent se réfugier les malades et les touristes qui ne rencontrent plus au milieu de la foule bruyante de Luchon le calme et le repos des montagnes. Je me trouvai ainsi le confident des appréhensions que faisait naître l'état du ciel. Pour bien se rendre compte du prix qu'attachent les habitants des stations balnéaires aux variations de la température, il suffit de se rappeler que ces braves gens n'ont d'autre industrie que l'arrivée des étrangers, de sorte qu'une saison manquée équivaut pour eux à une ruine. Les pluies persistantes de juin avaient commencé à donner l'alarme. Un avertissement de M. Le Verrier, répété par les journaux du midi et annonçant de nouvelles perturbations atmosphériques, venait de redoubler les craintes. Cependant la pluie, qui, à vrai dire, n'avait eu jusque-là aucun caractère bien alarmant, s'était accentuée dans la journée du 22. Les pressentiments envahirent dès lors tous les esprits. Les étrangers qui commençaient déjà à peupler les hôtels partageaient ces inquiétudes. Dans la soirée du 22, la conversation roula exclusivement sur les éventualités qui semblaient se préparer, sans toutefois qu'on prévît les immenses désastres qu'on a eu à enregistrer ; aucun de nous n'y songeait. Notre horizon était plus restreint. Nous ne voyions généralement qu'une seconde édition de l'inondation dont nous avions été témoins le 1er août 1872 à la suite d'une trombe qui s'était abattue sur les montagnes voisines.

Le gave, devenu torrent, avait emporté la passerelle du village et inondé les caves et les cuisines de deux hôtels situés sur ses rives. On passa en revue toutes les grandes inondations dont les Pyrénées avaient été le point de départ depuis le commencement du siècle, et auxquelles plusieurs de nous avaient assisté. Nous nous séparâmes en concluant que, si la pluie persistait et si le vent tournait au midi, la fonte des neiges qui résulterait de cette double influence amènerait infailliblement le débordement des gaves des environs et quelques éboulis de roches ; mais notre perspective ne sortait pas de l'horizon de nos montagnes.

La pluie ne cessa de tomber dans la nuit du 22. Le 23, vers sept heures du matin, un de mes amis, qui logeait dans le même hôtel que moi, vint m'annoncer que la passerelle du village venait d'être emportée, et que le pont des Thermes menaçait de subir le même sort. Comme la chambre que j'occupais avait sa façade sur l'allée des Thermes, il s'approcha de la fenêtre pour suivre les progrès du torrent, qui grossissait toujours. Les pièces de bois de la passerelle, venant butter contre les poutres qui soutenaient le pont des Thermes, faisaient craindre pour celui-ci. L'eau rasait déjà le tablier. A tout instant, on voyait les pâtres, chassés par la neige, descendre de la montagne avec leurs troupeaux, qu'ils poussaient vers le pont malgré le danger qu'offrait un tel passage, car c'était le seul point sur lequel on pût franchir le gave. En même temps nous entendions un sourd roulement qui se répercutait dans toute la vallée comme de lointaines décharges d'artillerie. Je me rappelais avoir entendu ce bruit lors de l'inondation du 1er août 1872. C'étaient les blocs erratiques que les eaux entraînaient des flancs des montagnes dans le lit du torrent, et que celui-ci charriait ensuite le long de ses rives. Notre grande préoccupation était de reconnaître la direction des vents. Ce n'était pas chose facile. Dans ce fouillis de montagnes, il arrive souvent que les nuages poussés par les vents de la Méditerranée, rencontrant les immenses contre-forts du mont Vallier, subissent une sorte de remous et paraissent venir de l'Océan. Bien que par intervalles nous crussions ressentir les chaudes effluves du vent d'autan, les nuages semblaient partir de l'ouest. D'un autre côté, la température, comme il arrive dans ces hautes régions, s'était subitement refroidie par suite de la chute d'une si grande quantité d'eau, si bien que nous avions dû prendre nos habits d'hiver.

Tout cela vint confirmer notre opinion et nous rassurer un peu. D'ailleurs le gave ne grossissait plus depuis qu'il avait atteint le tablier du pont. Il resta quelques heures stationnaire et commença à décroître vers le milieu de la journée. Nos angoisses étaient finies pour ce jour-là. Restait à savoir ce qui s'était passé autour de nous. On n'avait à enregistrer que la perte de quelques bestiaux entraînés par les torrents ou morts de faim sur la montagne à la suite de la chute des neiges. Cependant, bien que nous eussions échappé pour notre part aux suites de l'inondation et que personne ne soupçonnât encore ce qui s'était passé dans la plaine, une morne anxiété pesait sur tous les esprits. C'était, nous l'avons dit, le 23 juin, veille de la Saint-Jean, jour de fête pour toutes les populations pyrénéennes. Des préparatifs avaient été faits par les gens du village en vue du feu de joie qui annonce la solennité du lendemain. Une semaine à l'avance, tous les jeunes garçons courent les cerisiers, les trembles et les platanes pour découper sur le tronc des lanières d'écorce, qu'ils font sécher et fixent ensuite à l'extrémité d'un petit manche de bois. L'heure de la cérémonie arrivée, la troupe joyeuse se forme en cercle autour du bûcher, attendant que les premiers pétillements de la flamme permettent d'allumer leurs rubans d'écorce. Dès que le feu a pris, chacun d'eux, faisant le moulinet avec son petit bâton, se met à courir à travers les campagnes, ce qui, au milieu des ténèbres de la nuit, produit un effet des plus pittoresques et un spectacle dont les étrangers sont très friands. Cette fois personne ne songea au feu de la Saint-Jean. D'ailleurs la pluie, qui tombait encore par intervalles assez rapprochés, ne permettait pas qu'on se livrât à de telles réjouissances.

Le lendemain, le courrier nous manquant depuis quarante-huit heures à cause des éboulis de pierres qui avaient intercepté la route à l'entrée du vallon, le maire d'Aulus envoya un exprès au chef-lieu du canton. Cet homme put accomplir sa mission en passant par la montagne et revenir dans la soirée, mais il n'apportait ni lettres ni journaux, les communications avec Saint-Girons ayant été interceptées par un débordement du Salât, rivière qui forme le premier affluent de quelque importance que reçoit la Garonne sur sa rive droite. Cette nouvelle, qui ne nous surprit qu'à demi, redoubla nos appréhensions. Toutefois ce ne fut que deux jours après que nous eûmes un premier aperçu, non de l'étendue, mais plutôt du commencement du désastre, par l'arrivée d'un voiturin d'Aulus. Parti le 22 pour Saint-Girons, il avait été surpris par l'inondation, et s'était vu forcé d'attendre que les eaux du Salât, qui borde la route sur la moitié de sa longueur, fussent rentrées dans leur lit. Laissant à Saint-Girons sa voiture, il s'était hasardé avec ses chevaux seulement qu'il menait par la bride, sondant avec un bâton les flaques d'eau qui recouvraient les endroits ravagés et s'enfonçant quelquefois dans la vase jusqu'aux genoux. En un instant, tout le village fut autour de sa demeure pour s'enquérir de ce qu'il avait vu. Il nous annonça que Saint-Girons avait été surpris par une crue extraordinaire du Salat, que plusieurs rues avaient été inondées, que dans certaines maisons l'eau montait jusqu'au premier étage. Cependant aucune habitation ne s'était effondrée, personne n'avait péri, les ponts avaient vaillamment résisté. Tout se réduisait à des marchandises avariées, aux dégâts causés dans les magasins et les sous-sols. Seule, une papeterie sur le bord de la rivière avait été emportée. Quant aux nouvelles de l'extérieur, il ne pouvait en donner, les communications avec Toulouse étant coupées depuis le 23. Toutefois des rumeurs vagues s'étaient fait jour, on parlait de grands désastres. Sur ces entrefaites, le courrier venait d'arriver, mais n'apportait encore que les journaux du 22. Tout à coup un cri retentit dans le village. Une lettre venue de Foix annonce que 3,000 personnes ont péri à Saint-Cyprien, et que ce riche faubourg n'est plus qu'un vaste amas de ruines. Tout le monde s'émeut, on se fait passer la lettre de main en main, il n'est plus permis de douter. Une inondation atteignant les proportions d'un déluge a désolé les rives de la Garonne, ainsi que celles de ses premiers affluents.

Le mal était-il restreint à la région sous-pyrénéenne ou embrassait-il le cours tout entier du fleuve ? Les autres régions de la France étaient-elles atteintes par le fléau ? Nombre d'étrangers, la plupart du Languedoc ou du Bordelais, se trouvaient à Aulus, et chacun d'eux avait à craindre à la fois pour ses propriétés et pour sa famille. On dévore les journaux, les dernières dépêches ne dépassaient pas le 22. A défaut de nouvelles plus récentes, on cherche les bulletins météorologiques. Presque toutes les pluies qui tombent sur les Pyrénées viennent d'ordinaire de l'Océan. On sait aussi que les bulletins publiés par l'Observatoire signalent toutes les bourrasques qui s'abattent sur la France et dont le point de départ est généralement au large des mers qui s'étendent au nord-ouest et à l'ouest de nos côtes de l'Atlantique. Or tous les bulletins publiés jusqu'à la date du 22 nous permettent d'espérer : aucun cyclone, aucune dépression barométrique, aucune perturbation atmosphérique n'est signalée. Rassurés de ce côté, nos inquiétudes vont à partir de ce moment s'accroître chaque jour pour ce qui touche au midi. Le lendemain, le courrier ayant fait un détour par Carcassonne et Foix, nous reçûmes les journaux de Toulouse du 23 et du 24, ainsi que plusieurs correspondances particulières, et dès lors la vérité commença de nous apparaître sous son effroyable aspect. Nous pûmes en même temps nous rendre compte de cette contradiction inexplicable entre le ton rassurant des bulletins météorologiques venus de l'Océan et l'effroyable ouragan qui avait fondu sur les Pyrénées. Un journal du midi annonçait en effet qu'on avait observé avant le 22 l'existence d'une dépression barométrique sur la ligne d'Alger à Marseille. Les vents du sud-est, prenant ainsi les Pyrénées en écharpe, avaient provoqué la fonte des neiges dans la partie centrale de la chaîne, tandis que les vapeurs de l'Océan, amenées par les vents du nord-ouest, s'étaient condensées en pluies diluviennes.

Un almanach populaire répandu dans les masses depuis une dizaine d'années confirmait ce dire. Le vague de ses prédictions ne permet guère qu'on leur prête une attention sérieuse ; mais cette fois il avait prédit juste. Un exemplaire se trouvant dans le village, on se passait de main en main la page où il annonçait pour le midi de la France un vent fort et des pluies torrentielles à la pleine lune qui devait commencer le 19 et finir le 26 juin, et un débordement probable de nos rivières. Dès lors chacun de commenter ces désastres à son point de vue. Les portefaix de Toulouse et la majeure partie des ouvriers de cette ville se recrutant parmi les montagnards des Pyrénées centrales, et ces braves gens appartenant d'ordinaire à la population du faubourg Saint-Cyprien et des autres quartiers envahis par les eaux, le village et la vallée d'Aulus devaient avoir leur contingent dans le chiffre des victimes du désastre. C'était tantôt un frère, tantôt une sœur, le plus souvent des enfants sur le sort desquels de pauvres femmes pleuraient en courant de porte en porte pour avoir des nouvelles. La population industrielle, celle qui tient des hôtels, joignait ses lamentations à celles des habitants du village. Voyant toutes les récoltes détruites par l'inondation, elles se disaient que les propriétaires de la plaine, qui forment la clientèle des stations thermales, ne monteraient pas cette année. Or il n'est pas d'hôtelier qui, à l'ouverture de la saison, ne se mette en frais pour provisions, ameublements, réparations, augmentation du personnel ; que, pour une cause quelconque, la saison vienne à manquer, et beaucoup d'entre eux courent à la ruine. Jamais saison ne s'était montrée sous des couleurs aussi sombres. Ces réflexions se faisaient jour dans toutes les stations thermales qui avaient assisté aux pluies diluviennes des 22 et 23 juin. Les étrangers faisaient chorus avec les hôteliers en s'inquiétant à bon droit de leurs familles et du sort fait par l'inondation à leurs propriétés et à leurs récoltes, car presque tous appartenaient au Haut-Languedoc ou à l'Aquitaine, et par conséquent étaient riverains de la Garonne ou de ses affluents. Quelques familles espagnoles ajoutaient leurs doléances aux nôtres. Voyant que l'ouragan avait sévi sur toute la ligne des Pyrénées françaises, ils pouvaient supposer qu'il avait également embrassé le versant méridional de la chaîne. Heureusement ces appréhensions n'étaient pas fondées. Les nuages, généralement bas comme tous les nuages fortement chargés, rasaient la crête sans la dépasser, et tombaient exclusivement sur nos vallées.

A côté de ces anxiétés que j'appellerai personnelles, une sorte de panique générale dominait tous les esprits, surtout parmi les populations pastorales de ces hautes régions. Les nouvelles les plus désastreuses nous étaient parvenues de la vallée de l'Ariège et des montagnes voisines. Nous savions que le village de Verdun avait été emporté par une avalanche d'eau dans la nuit du 22 au 23, que plusieurs centaines de têtes de bétail avaient péri, que le berger avait quelquefois disparu. Nos lecteurs n'ignorent pas que, dans les Pyrénées comme dans les Alpes, tous les hauts plateaux et toutes les hautes gorges sont occupées pendant l'été par de nombreux troupeaux. Ils viennent s'installer après la première fonte de neige, lorsque le sol commence à se couvrir de pâturages, et redescendent dans la plaine à l'approche des froids, c'est-à-dire dans les premiers jours d'octobre. La population pastorale de ces montagnes n'a pas d'autre industrie. Le berger se construit un gourbi de pierre rappelant la hutte celtique telle qu'on la trouve décrite dans les *Commentaires* de César. Il passe l'été à engraisser ses troupeaux et à faire des fromages. La culture du blé étant impossible sur les pentes abruptes de ces hautes régions, d'ailleurs trop froides, c'est sur le profit qu'ils retirent du bétail et sur la récolte d'un peu de pommes de terre et de maïs que comptent leurs familles pour passer l'hiver. Que ces petites ressources viennent à manquer, et la famine est en perspective. C'était ici le cas. Le froid ramenant la neige sur la montagne, les pâturages avaient tout à coup disparu, et beaucoup d'animaux étaient morts de faim. Un grand nombre d'autres avaient été entraînés par les eaux. Les gaves devenus torrents étaient sortis généralement de leurs lits, ensablant, souvent même ravinant les prairies qu'ils traversent, emportant les meules de foin dans celles qui avaient été fauchées. L'herbe allait donc manquer cette année ; dès lors impossible de nourrir les bestiaux à l'étable et nécessité de les vendre à vil prix. Dans une telle situation, d'où tirer l'argent que réclamerait l'achat du grain de la plaine ? car la persistance du mauvais temps laissait entrevoir qu'on ne devait pas compter cette année sur la récolte des pommes de terre. Les imaginations allaient vite sur ce terrain. Ne connaissant pas encore les limites précises des inondations, n'ayant aucune idée de la promptitude avec laquelle les chemins de fer et les bateaux à vapeur rétablissent l'équilibre du marché des céréales dès que celles-ci viennent à manquer sur un point, ces pauvres gens se voyaient déjà sans provisions d'aucune sorte. Ceux qui avaient quelques grains refusaient de les livrer, même avec une notable augmentation de prix. Témoins de cette panique, les boulangers prirent peur à leur tour et demandèrent 2 francs du pain qui se payait la veille 1 fr. 30 cent. Hâtons-nous d'ajouter que les municipalités, plus intelligentes que le reste de la population, firent comprendre aux boulangers qu'ils s'effrayaient à tort, et qu'ils devaient se contenter d'une augmentation de quelques centimes. Cependant on vit de petites émeutes se produire à ce sujet, et à Seix on fut obligé d'appeler le sous-préfet et le procureur de la république pour forcer les récalcitrants à faire du pain.

Ces perplexités n'empêchaient pas les habitants, surtout ceux des stations thermales, de réparer de leur mieux les désastres amenés par l'inondation. Les sources minérales se trouvant d'ordinaire au milieu des montagnes, les routes qui y conduisent côtoient les gaves formant le thalweg de la vallée. Le chemin ainsi tracé entre la montagne et le torrent est doublement menacé : s'il n'est pas emporté par les eaux, il disparaît sous les éboulis de pierres ou de terre végétale entraînés par les pluies qui ravinent l'escarpement situé au-dessus. Il n'était pas dans les Pyrénées centrales une seule vallée qui n'eût à enregistrer des désordres de cette nature. La route de Luchon avait particulièrement souffert. Le chemin de 1er qui depuis l'an dernier relie cette ville à la gare de Montréjeau avait été entamé sur plusieurs points et ne fonctionnait plus. De Saint-Girons à Aulus, les communications étaient interceptées en deux endroits : au haut de la vallée, c'était un éboulis de roches qui encombrait la route, plus bas le chemin avait été emporté par le Salât sur une longueur de 3 kilomètres. Là s'élevait un oratoire connu dans le pays sous le nom de Saint de Ribotte, du nom de la gorge où il se trouvait et qu'il était censé protéger contre les inondations. Les traditions en faisaient remonter la construction à plus de dix siècles. Personne ne voulait croire que ce saint, qui avait résisté à tant d'assauts, eût subi cette fois la loi commune et qu'il eût été emporté comme un simple moellon. La première préoccupation des municipalités fut de réparer les désordres occasionnés sur les routes afin de rétablir au plus tôt les communications. Les cantonniers ne pouvant suffire à une si lourde besogne, on fit appel à la bonne volonté des habitants. Ceux-ci répondirent aussitôt à l'invitation, souvent même s'offrirent spontanément, car ils comprenaient que leurs intérêts les plus chers étaient liés au prompt rétablissement des voies publiques. A peine une route était-elle suffisamment réparée pour permettre le passage des voitures que le maire de la station thermale la plus rapprochée écrivait aux journaux du midi pour annoncer le rétablissement des communications depuis le chemin de fer jusqu'au haut de la montagne. C'était un appel indirect aux malades et aux touristes que l'interruption des voies de communication retenait chez eux.

Trois ou quatre jours après l'inondation, les journaux, qui dès le début avaient dû faire des circuits extraordinaires pour arriver jusqu'à nous, commençaient à reparaître régulièrement. Chaque courrier nous apportait la nouvelle de nouveaux désastres. Nous savions déjà que le fléau avait limité ses ravages au sud-ouest, mais nous ignorions encore si toute cette région était atteinte. Après l'Ariège, c'était Toulouse, puis venait Castelsarrasin, après Castelsarrasin Moissac, après Moissac Agen. Le fleuve aurait-il porté la désolation jusque dans Bordeaux ? Les basses plaines du Médoc auraient-elles également été submergées ? Nous penchions tous pour l'affirmative en voyant la hauteur atteinte par les eaux à Agen. Je dirai tout à l'heure comment la Gironde fut préservée. Cependant quelques lueurs d'espoir venaient se mêler à tant d'angoisses. Nous venions d'apprendre que la France s'était émue à la nouvelle de ces grandes calamités, que l'assemblée nationale avait voté un premier secours de 100,000 francs, suivi bientôt d'un autre de 2 millions, que des souscriptions s'organisaient sur toute la surface du territoire, que Mme la maréchale de Mac-Mahon était à la tête du comité central de secours, que le président de la république, suivi du ministre de l'intérieur et du ministre de la guerre, venait d'arriver à Toulouse, et qu'il se proposait de parcourir tous les départements inondés. Le ministre de la guerre avait mis le corps des pontonniers ainsi que les sapeurs du génie à la disposition des ingénieurs et des compagnies de chemins de fer, afin de remplacer au plus tôt les ponts emportés. C'est ici le moment de jeter un coup d'œil en arrière pour suivre les phases de l'inondation, retracer quelques-unes des scènes de ce lugubre drame et mesurer l'étendue des désastres.

Section II

La tempête qui venait de s'abattre sur les Pyrénées avait jeté quelques éclaboussures aux deux extrémités de la chaîne et porté son principal effort sur les massifs montueux du centre. La pluie était tombée le 22 à Perpignan, mais sans présenter un caractère trop inquiétant. Le seul affluent de la Méditerranée qui ait appelé l'attention par la crue extraordinaire de ses eaux et par les conséquences qui en ont été la suite est l'Aude. On s'explique ce fait, si on se rappelle que cette rivière prend sa naissance dans les montagnes des Pyrénées-Orientales qui touchent à l'Ariège. J'ai visité ses sources pendant l'été de 1857, comme je me trouvais à Carcanières, petit site thermal de la Haute-Ariège, qui, par l'abondance et la variété de ses eaux sulfureuses, par le degré de température, serait la première station balnéaire des Pyrénées, si Ax, Luchon et Cauterets n'existaient pas. Une de ces sources, la *Régine*, dont le nom dit assez l'importance et qui marque près de 70 degrés au thermomètre, pourrait alimenter à elle seule un établissement thermal de premier ordre. Malheureusement l'altitude, qui rappelle celle de Cauterets, la distance des grandes voies de communication, et par-dessus tout l'aspect sauvage du site en éloigneront toujours les malades et les touristes habitués à contempler des collines verdoyantes et désireux avant tout de confortable. Aussi la clientèle de Carcanières se recrute-t-elle seulement dans les localités environnantes. On dirait que dans un jour de convulsion la montagne s'est ouverte pour ouvrir passage à cette gorge. Au fond, sur la ligne de séparation des départements de l'Aude et de l'Ariège, sautille un gave à travers les rochers qui jonchent le sol du ravin comme autant de traces des phénomènes géologiques accumulés par les siècles dans ces hautes régions : dépôts des anciens glaciers, tremblements de terre, avalanches du printemps, orages d'été presque toujours redoutables sur ces pentes granitiques et abruptes. Ce gave est l'Aude. Ce mince filet d'eau aux allures si modestes peut en quelques heures se transformer en un torrent dévastateur. La gorge que je viens de décrire se continue en effet avec maints contours, en amont jusqu'aux hautes cimes où le gave prend naissance, en aval jusqu'au point où il sort des montagnes pour déboucher dans la plaine. A Pierrefitte, au-dessous de Carcanières, le ravin prend parfois des proportions qui rappellent les sites les plus sauvages des Pyrénées ou des Alpes. Ce sont des précipices insondables qu'on a sous les pieds. Le voyageur qui, de la route tracée sur l'escarpement, jette ses yeux sur les entonnoirs est saisi de vertige. Qu'une trombe s'abatte sur ces pentes abruptes, et l'eau, n'étant arrêtée par aucun obstacle, se précipite avec la rapidité de la chute des graves, et l'on voit bientôt surgir un fleuve dont la course enfiévrée se révèle au loin par des mugissements gros de menaces et de dévastation. C'est ce qui arriva à la suite des pluies torrentielles du 22 juin ; Le lendemain, l'Aude débordait dans la plaine, ravageant les propriétés qui formaient ses deux rives. Jusqu'alors on n'avait vu charrier que des arbres arrachés aux flancs des montagnes ou les ponts de bois que le torrent avait rencontrés sur son passage. A partir de ce moment, les épaves changèrent de nature. Les prairies avaient été fauchées, sur beaucoup de points on avait commencé la moisson. Des meules de foin, des gerbes de seigle ou de blé ne tardèrent pas à se mêler aux autres débris.

Toutefois ce n'étaient encore que des prodromes sans grande importance. A Limoux, grâce aux précautions prises, on n'eut aucun désastre à déplorer. Les dévastations proprement dites ne commencèrent qu'à Carcassonne, où les eaux atteignaient, dans la matinée du 23, une hauteur de 5m,50. La partie basse de la ville fut rapidement envahie, les soldats du 15e de ligne se virent forcés d'évacuer la caserne après avoir précipitamment porté au premier étage tous les objets qui se trouvaient au rez-de-chaussée. Du haut de l'antique forteresse féodale qui domine la rive droite de l'Aude, et dont les souvenirs historiques inspirèrent de si touchantes pages à Frédéric Soulié, lorsqu'il écrivait le Vicomte de Béziers, l'on ne voyait qu'un immense lac, aux eaux jaunâtres, occupant tout le fond de la vallée. Inutile de dire que les communications étaient interrompues sur tous les points envahis par les eaux. L'inondation prit un caractère encore plus tranché lorsque, quittant la plaine de Carcassonne, la rivière rompit les digues qui protégeaient les vignobles de Capdestang et se répandit dans cette vallée ainsi que dans celle de Coursan, située un peu plus bas, et dont les vignobles ne sont pas moins importants que les premiers. Dès lors les basses plaines de l'Aude ne furent plus qu'une mer qui allait se relier à la Méditerranée, dont elle ne se distinguait que par la couleur des flots. Dans cette région, les dégâts furent sérieux. L'eau s'écoulant en effet difficilement sur ces plages unies et quelquefois sans pente, d'immenses flaques persistèrent pendant plusieurs jours dans les parties les plus basses, en attendant que le soleil vînt les sécher. La récolte du vin était perdue, nombre de ceps avaient été ébranchés ou brisés par la violence du courant, d'autres pourrissaient sous l'humidité entretenue par le limon qui les recouvrait. Ajoutez à cela qu'on craignait les fièvres paludéennes, conséquence ordinaire de toutes les inondations de longue durée. Toutefois, même en tenant compte des pertes subies par les riches vignobles de Capdestang et de Coursan, on peut dire que l'Aude, malgré les 215 kilomètres de son parcours, a produit peu de désastres, si on les compare aux affreuses dévastations causées par le débordement de la Garonne et de ses affluents pyrénéens. Un mot maintenant sur ces derniers.

Les rivières que reçoit la Garonne sur sa rive droite, dans la partie supérieure de son cours et qui méritent d'être citées, sont au nombre de trois : l'Ariège, l'Arize et le Salat. La première est celle qui fixe le plus l'attention, tant par l'étendue de son cours, qui est de 140 kilomètres, que par l'importance de la vallée qu'elle arrose et des petites villes qu'elle traverse. On peut aujourd'hui la remonter presque jusqu'à sa source, grâce à la route carrossable qui, depuis quelques années, relie la vallée de l'Ariège au val d'Andorre. Le gave côtoie cette route depuis le pied de l'escarpement où il a pris naissance jusqu'à la gare de Foix. Ax est la première ville qu'il rencontre sur son passage. On trouve là des eaux sulfureuses qui, comme celles de Carcanières, peuvent le disputer à Luchon et à Cauterets pour la variété, l'abondance et la température des sources. Certaines traditions semblent indiquer que ces thermes existaient déjà lorsque Louis le Débonnaire remonta cette vallée à la tête d'une armée franque pour aller attaquer les Sarrasins en Espagne, par le val d'Andorre, qu'il constitua ensuite en république indépendante, voulant remercier les habitants des services qu'il en avait reçus pendant l'expédition. Les étrangers qui visitent Ax pour la première fois sont surpris des habitudes qu'ils y rencontrent et qui sont toutes nouvelles pour eux. Nombre d'habitants font pour ainsi dire leur ménage en plein air. Au centre de la ville se trouve une fontaine d'une température assez élevée. Presqu'à toute heure de la journée, on y voit des femmes faisant les préparatifs de cuisine qui exigent l'emploi d'eau chaude. D'autres fois ce sont les bouchers occupés à racler les peaux des bêtes qu'ils viennent d'abattre. A quelques pas plus loin sont des ménagères accroupies autour d'une vaste piscine pour laver le linge. Lorsqu'une famille d'ouvriers, rentrant du travail, n'a pas le temps de préparer le repas, une des filles de la maison met quelques tranches de pain dans une terrine, les arrose d'un peu d'huile et les porte à la fontaine voisine ; voilà la soupe faite. Les boulangers se servent des mêmes sources pour pétrir leur pain, — économie de temps et de combustible. Ce pain est excellent, et la plupart des étrangers n'en ressentent aucun mauvais effet ; mais certains tempéraments plus délicats éprouvent au bout de quelques jours un malaise dû à la présence des sels sulfurés qui entrent dans la composition de l'eau minérale, et se voient forcés de quitter Ax en répétant l'axiome séculaire du pays, « que les eaux sont trop fortes. »

Bien que fortement grossis par les pluies du 22 juin, les gaves qui traversent Ax ne produisirent que des désordres sans grande importance. Ce fut plus sérieux à Ussat, autre station thermale située à quelques kilomètres plus bas dans un petit vallon traversé par l'Ariège. La rivière, sortant de son lit, emporta le pont et inonda l'ancien établissement thermal, ainsi que le rez-de-chaussée de presque tous les hôtels. Un peu plus loin, elle augmenta encore de volume par l'adjonction des eaux de la vallée de Vicdessos, vallée célèbre par les mines du Rancié, qui alimentent de fer les populations du midi depuis les temps les plus reculés de l'époque gauloise. Heureusement la rivière de Vicdessos n'avait pas grossi outre mesure, car le froid survenu dans ces montagnes avait changé la pluie en neige, et les habitants de Foix sont persuadés que c'est à cette circonstance qu'ils doivent d'avoir échappé à l'inondation. Avant de quitter la, région des montagnes, l'Ariège reçoit un nouvel, affluent, l'Arget. En temps ordinaire, ce n'est qu'un gave sans importance ; cette fois c'était un torrent des plus impétueux qui roulait au fond de la vallée toutes les pluies tombées depuis deux jours sur les montagnes de la Barguillaire, entraînant les usines qu'il rencontrait sur sa route et charriant des blocs énormes qui résonnaient comme un tonnerre lointain. Les deux torrents se réunissent à Foix à l'extrémité de la ville, après avoir baigné les pieds de l'énorme rocher sur lequel s'élève l'antique donjon de Gaston Phœbus. Les maisons qui se trouvent sur le passage de l'Ariège tinrent bon malgré la violence du courant et la masse des eaux ; mais il n'en fut pas de même du côté de l'Arget. Toutes les habitations ou les usines qui en bordent les rives subirent de grands dégâts. L'établissement thermal du rocher de Foix, que l'on rencontrait avant l'inondation sur les bords du gave, au pied du rocher, — car il n'est pas de localité dans ce pays de montagnes qui ne possède sa source minérale, — fut fortement entamé, et la fontaine disparut ; la magnifique promenade d'acacias et la buvette ne sont plus aujourd'hui qu'un souvenir. Dès la matinée du 23, les habitants étaient plongés dans une consternation indescriptible ; la circulation du pont avait été interdite. Les épaves de toute sorte que la violence du courant lançait contre les arches justifiaient cette mesure. Cependant là encore on n'eut que des désastres matériels à déplorer.

En quittant Foix, la rivière entre dans la plaine. Grossie par les torrents qu'elle venait de recevoir, ses dévastations allaient devenir plus considérables. A Pamiers, une partie de la ville fut inondée. La rive droite eut particulièrement à souffrir ; les eaux y charrièrent d'immenses dépôts de gravier. Plusieurs constructions avaient été emportées. Les mêmes dégâts se produisirent dans toutes les villes placées sur le parcours de la rivière. A Pinsaguel, petite localité située près du point de jonction de la Garonne et de l'Ariège, les désastres prirent des proportions effrayantes : le village entier disparut, et une population de 400 âmes se trouva sans asile ; 110 maisons furent détruites, il ne resta debout que l'église, huit femmes qui s'y étaient réfugiées attendirent dans des angoisses mortelles que la baisse des eaux permît qu'on vînt les délivrer. Néanmoins les habitants purent se sauver, grâce à leurs barques et au dévouement de quelques hommes courageux. Même scène de désolation à Auterive, placé un peu en amont. Le faubourg de la Madeleine, qui formait la partie basse de la ville, fut presque entièrement détruit : 113 maisons s'effondrèrent sous la violence du courant. Deux causes avaient amené cette épouvantable dévastation : l'arrivée de deux nouveaux affluents, à quelques kilomètres au-dessus de l'embouchure, ainsi que la vitesse des eaux de la Garonne, qui, refoulant celles de l'Ariège, avaient forcé ces dernières à se répandre dans la plaine.

Passons à l'Arize, le seul affluent de quelque importance que reçoive la Garonne entre l'Ariège et le Salat. Cette petite rivière n'offre rien de remarquable sur son parcours et n'avait pas fait parler d'elle, depuis l'inondation de 1827. Jusqu'aux environs du château de Durban, dont les ruines féodales s'élèvent sur un mamelon qui domine la contrée, les dégâts s'étaient réduits à quelques prairies ravinées, à quelques arbres déracinés ; mais après sa jonction avec la rivière de Castelnau, qu'elle reçoit non loin de là, les eaux devinrent destructives, et deux ponts furent rapidement emportés. A quelques kilomètres plus bas, la rivière traverse la grotte du Mas d'Azil, la plus célèbre peut-être des Pyrénées. Cet antre immense est également traversé par la route qui côtoie le gave sur une longueur de près de 500 mètres. C'est là que les protestants soutinrent un siège contre les catholiques lors des guerres de religion. On sait que M. le docteur Garrigou a constaté dans cette grotte la présence du mammouth, du grand ours et des débris de l'industrie humaine attestant l'existence de l'homme préhistorique. Inutile de dire que la route si péniblement construite fut emportée par les eaux. Une forge et un moulin qui se trouvaient au sortir de la grotte eurent le même sort. Bientôt la petite ville du Mas d'Azil, située sur la rive droite du gave, est menacée à son tour. L'eau se précipite dans les rues avec une rapidité foudroyante ; en un clin d'œil, tous les rez-de-chaussée sont inondés, dans beaucoup d'habitations les épaves flottent jusqu'à la hauteur du premier étage. La circulation devient impossible, chacun est assiégé dans sa demeure ; cependant, comme à Saint-Girons, les maisons tinrent bon, aucune vie humaine ne fut en péril. Il n'en fut pas malheureusement ainsi dans les autres localités situées entre le Mas d'Azil et l'embouchure de l'Arize. Presque partout on eut à déplorer la perte de quelques moulins, de quelques usines ou de plusieurs habitations. Les dégâts les plus considérables eurent lieu à la Bastide de Besplas, petit village qui s'est acquis une renommée si tristement célèbre, il y a une dizaine d'années, par le meurtre commis sur un vieux gentilhomme. Toutes les maisons, à l'exception de trois ou quatre, s'effondrèrent, entraînées par les eaux. Trois cents personnes étaient sans abri. A l'embouchure, les eaux de la rivière, refoulées par la Garonne, se replièrent sur elles-mêmes, et inondèrent tous les terrains des environs.

Je dirai peu de chose sur le Salat, premier affluent de droite de la Garonne, ayant déjà parlé de l'inondation de Saint-Girons, seule localité de quelque importance que traverse cette rivière. Le voisinage de l'Espagne et des populations de la montagne fait de cette ville un entrepôt assez considérable. Aussi les pertes, bien qu'elles n'affectassent que les marchandises, y furent sérieuses ; on les estimait à 800,000 francs. Au-dessous de Saint-Girons, on eut à regretter la perte de quelques papeteries et de quelques moulins. A Moulis, dans la vallée latérale du Lez, l'église fut détruite, le cimetière raviné et les croix de bois emportées par les eaux. Ce que je viens de dire sur l'Ariège, l'Arize et le Salat peut s'appliquer sur une moindre échelle aux petites vallées qui débouchent dans ces rivières. Il n'est pas un seul canton qui n'ait eu sa part de dévastations. En thèse générale, on peut dire que les gaves de cette région de la chaîne, subitement grossis par les pluies du 22 juin, préludèrent dans la matinée du 23 par des désordres de peu d'importance dans les gorges qu'ils traversaient ; les dévastations proprement dites commencèrent au débouché des montagnes lorsque, les torrents apportant dans la rivière qui forme le thalweg de la, vallée l'énorme trombe d'eau qui depuis deux jours s'abattait sur toute la chaîne, le fleuve ainsi fermé, débordant de toutes parts, se répandit dans la plaine, et emporta tout ce qu'il rencontrait sur son passage.

Pour compléter ce que j'avais à dire sur l'Ariège, il ne me reste plus qu'à parler de la catastrophe de Verdun, petit village assis dans une gorge verdoyante, sur la rive droite de l'Ariège, à 1 kilomètre environ de cette rivière, entre les thermes d'Ax et les thermes d'Ussat. De hauts plateaux entrecoupés d'étangs dominent ce site. A quelque distance en amont du village, sur le bord du ruisseau qui traverse la gorge, se trouvait un arbre déraciné et couché à terre. Personne n'y avait prêté aucune attention et n'avait songé à le déplacer. Des roches, des terres, d'autres arbres, entraînés par les pluies, étaient arrêtés au passage et formaient une sorte de barrage au-dessus du hameau. Ce premier barrage avait été emporté, du moins en partie, par le torrent pour aller se reformer plus bas, être entraîné de nouveau et se reconstituer encore plus loin, augmentant chaque fois de volume et chaque fois aussi se rapprochant de Verdun. La dernière digue ainsi formée céda avec un bruit formidable dans la nuit du 22 au 23, sur les quatre heures du matin, en rasant toute la partie du village qui se trouva sur sa course. 50 maisons sur 70 étaient détruites, 500 têtes de bétail avaient péri, 72 personnes restaient ensevelies sous les décombres. Les habitants qui avaient survécu à l'horrible catastrophe, aidés bientôt par un détachement du 120e de ligne accouru en toute hâte de Foix, s'occupèrent à déterrer ces malheureuses victimes afin de leur rendre le dernier devoir ; puis ce détachement fut remplacé par une compagnie du génie appelée de Montpellier pour aider les habitants à déblayer les ruines du village. Une scène fut particulièrement navrante. A un moment donné, un habitant remue la vase avec une bêche. Lorsqu'il retire l'instrument, il met à nu l'extrémité d'un foulard. La bêche est abandonnée, les recherches continuent avec les mains.

On découvre une tête d'homme, puis à côté et comme collée à la première une tête de femme : c'étaient deux jeunes mariés de la veille. Les infortunés avaient célébré leurs noces au chef-lieu du canton, aux Cabannes ; ils devaient même y passer la nuit. Ils s'étaient déjà couchés lorsque le nouvel époux eut la fatale idée de rentrer à Verdun malgré la pluie ; il arriva avec sa femme vers deux heures et demie du matin ; moins d'une heure après, ils étaient morts. A quelques pas d'eux, on trouva la mère et la sœur, jeune fille de dix-huit ans arrivée de Marseille pour assister à la noce. Une scène non moins attendrissante eut lieu lors du passage du maréchal de Mac-Mahon. Une dame lui présenta un jeune garçon de seize ans, dernier survivant d'une famille de 8 personnes. Le moulin qu'ils habitaient s'était écroulé pendant leur sommeil, le lit où reposait le jeune homme, à côté d'un de ses frères plus jeune que lui, fut entraîné par le courant et flotta quelque temps à la surface des eaux. Cependant le bois de lit et la paillasse disparurent successivement, et le matelas vint se heurter à son tour contre une maison. Le choc sépara les deux frères, qui disparurent dans le tourbillon. Le jeune perdit la vie, mais l'aîné fut retrouvé dans la cour d'une ferme et put être sauvé, grâce à deux doigts de sa main, qu'on aperçut au-dessus du limon qui le recouvrait.

On sait que la Garonne prend sa source dans la vallée d'Aran, qu'elle traverse dans presque toute sa longueur, recevant ainsi toutes les eaux qui se déversent dans cet immense entonnoir. Elle entre en France au Pont du Roi, bien connu des touristes qui visitent Luchon. A ce moment, elle peut déjà porter des radeaux, et c'est à Fos, premier village français un peu en aval du Pont du Roi, que s'organisent ces grands transports qui amènent à Toulouse les bois de construction des Pyrénées. A quelques kilomètres de Saint-Béat, petite ville renommée par ses riches carrières de marbre, elle reçoit sur sa rive gauche la Pique, affluent formé par la réunion des gaves descendus des hautes cimes qui forment le cirque de Luchon. Plus loin, au sortir des montagnes de la Ba-rousse, c'est un autre affluent bien plus considérable, la Neste, qui lui apporte les eaux de la vallée d'Aure. Dès lors ce n'est plus une rivière qu'on a devant soi, c'est un véritable fleuve. En même temps commence à s'ouvrir cette vaste plaine qui, s'élargissant de plus en plus sur un parcours de 500 kilomètres, s'étend depuis le pied des Pyrénées jusqu'aux bouches de la Gironde. C'est aussi là que le 23 juin commença de se former cet immense lac aux eaux limoneuses qui, gagnant d'heure en heure les deux rives du fleuve, arrivèrent le lendemain jusqu'aux portes de Bordeaux. La Garonne, et ses affluents, grossis outre mesure par les pluies de la veille, avaient causé dans les vallées d'Aran, de la Pique et de la Neste, les désordres produits par les gaves de la Haute-Ariège ; mais c'est seulement au sortir des montagnes que commencèrent les dévastations proprement dites. La gare de Montréjeau fut envahie, les habitants du village voisin se virent contraints d'abandonner leurs demeures et de se réfugier au petit séminaire de Polignan, situé sur un plateau qui domine le fleuve. C'est également là que vint chercher un abri l'archevêque de Toulouse, qui se trouvait en tournée pastorale de ce côté, et sur le sort de qui l'on avait d'abord conçu des craintes. Bientôt l'inondation gagna la plaine de Saint-Gaudens, la petite ville de Valentine fut submergée. De loin, on aurait dit que les toits de ses maisons flottaient à la surface des eaux. Puis vint le tour de Muret et des autres villes situées en amont de Toulouse. Presque tous les ponts étaient emportés ou gravement endommagés. Un exemple donnera une idée de la force du courant. Le pont d'Ampalot, qui relie la ligne de l'Ariège à la gare de Toulouse, avait subi la loi commune à l'une de ses extrémités. Une des piles qui supportait une des arches tombées fut en quelque sorte tordue et retournée sur elle-même.

Section III

Nous voici à Toulouse. On sait que cette riche cité est bâtie sur la rive droite de là Garonne. En face, de l'autre côté du fleuve, s'étendait une petite ville d'une vingtaine de mille âmes connue sous le nom de faubourg Saint-Cyprien. Trois ponts relient le faubourg à la métropole ; au centre, le Pont-Neuf, aussi remarquable par son élégance que par sa solidité, aux deux extrémités deux ponts suspendus, le pont Saint-Michel et le pont Saint-Pierre. De larges quais bordent les deux rives du fleuve, mais malheureusement ne se prolongent pas assez en amont, et laissent ainsi une porte ouverte aux inondations toutes les fois que la crue dépasse certaines limites. Le 23 juin, dès la pointe du jour, la Garonne, grossie de tous ses affluents pyrénéens, roulait d'énormes vagues, sinistres précurseurs de la mer houleuse qui s'avançait. A cinq heures du matin, elle entamait la rive droite en envahissant le port Garaud, qui forme le prolongement du faubourg Saint-Michel. Bientôt à leur tour les rues basses du faubourg sont submergées. Les ouvriers qui travaillent aux minoteries et aux usines établies dans ce quartier s'échappent, ainsi que les habitants, sur des barques. Celles-ci du reste ne font pas défaut, car toute cette population est habituée de bonne heure à manier la rame. A peine les maisons sont-elles abandonnées que la plupart s'écroulent ; puis vint le tour de la petite île de Tounis, étroite langue de terre détachée de la rive droite par le canal de fuite du moulin du château Narbonnais. C'était spécialement le quartier des bains publics, des lavoirs et des teinturiers sur étoffe. L'eau arriva rapidement au premier étage, mais les habitants eurent le temps d'échapper. Des scènes analogues avaient lieu quelques instants après à l'autre extrémité de la ville, là où les quais cessent et où commence le moulin du Basacle. Ce quartier, connu sous le nom de quartier des Amidqnniers, renferme la population la plus active et la plus industrieuse de Toulouse, en raison des nombreuses fabriques qui s'y trouvent établies. Après la retraite des eaux, on ne retrouva que des ruines. Tout fut horriblement ravagé ; il ne resta debout que la chaussée et le Basacle. Comme au faubourg Saint-Michel et à Tounis, les habitants purent s'échapper sur des barques, mais plusieurs centaines de familles se trouvaient sans abri et sans travail.

Ainsi s'écoula la première moitié de la journée. L'inondation n'avait gagné que les deux extrémités de la ville, là où les eaux n'avaient rencontré aucune digue pour les arrêter. Ces accidents étant en quelque sorte une conséquence nécessaire de la topographie des lieux et se répétant, quoique sur une moindre échelle, à toutes les crues extraordinaires de la Garonne, la population de la ville et des autres faubourgs ne s'en émut pas outre mesure. Il en fut de même lors de la disparition des établissements de natation et des lavoirs publics amarrés à la rive droite, et qui dès neuf heures du matin, rompant leurs attaches, allèrent les uns après les autres se briser contre les piliers du Pont-Neuf ou du pont Saint-Pierre. Jusqu'à ce moment, on ne voyait dans tout ce qui se passait sur la rive droite qu'une seconde édition de l'inondation de 1855, dont le plus grand dégât avait été l'écroulement du pont Saint-Pierre. Cependant un avis de la préfecture, affiché dans toutes les rues à onze heures et annonçant d'après les dépêches reçues d'amont une nouvelle crue pour une heure de l'après-midi, commençait à inspirer des craintes sérieuses. Déjà le fleuve à ce moment atteignait le maximum des grandes inondations. En amont du Pont-Neuf, on ne voyait qu'une mer occupant l'immense espace compris entre les quais des deux rives. L'eau, contenue à grand'peine par les digues, devenait d'heure en heure plus inquiétante. Bientôt un craquement épouvantable se fit entendre. Un des piliers du pont Saint-Pierre avait cédé au courant, le tablier s'était abattu. La situation devenait évidemment critique. Cependant il n'y avait alors que quelques hommes qui eussent une intelligence exacte de ce qui se préparait : c'étaient les autorités de la ville, averties depuis la veille par les ingénieurs des ponts et chaussées, ainsi que par les préfets, les sous-préfets et les maires des localités déjà envahies. Disons à ce sujet que personne ne faillit à son devoir, et que de grandes calamités eussent été évitées sur bien des points, si les populations avaient écouté les avis qui leur venaient d'en haut. L'autorité militaire s'était concertée avec l'autorité municipale pour mettre les soldats de la garnison au service des ingénieurs.

Vers midi, la Garonne commençant de déboucher dans l'avenue de Muret, en amont du pont Saint-Michel, la rive gauche était entamée à son tour. La crue commençait à dépasser celle de 1855. Aussitôt les ingénieurs chargés de protéger le faubourg Saint-Cyprien organisent en toute hâte, avec l'aide de quelques détachements de soldats, des digues pour défendre le faubourg. On prend tous les matériaux qu'on trouve sous la main, jusqu'au fumier. Mieux eût peut-être valu qu'on n'eût pas travaillé à ces digues, qui ne firent qu'aggraver l'inondation après l'avoir retenue seulement quelques instants. Les habitants, voyant arriver l'eau dès le début, auraient compris plus tôt la gravité de la situation et seraient sortis à temps de leurs demeures. A la même heure, des hommes parcouraient à son de trompe les rues du faubourg, prévenant les populations du péril qui les menaçait, de la nouvelle crue de la Garonne annoncée par les dépêches, et les exhortant à quitter au plus tôt leurs habitations. Très peu crurent devoir obéir à ces invitations pressantes. Le faubourg Saint-Cyprien n'avait été ravagé qu'une seule fois, le 17 septembre 1772, et personne n'avait souvenance de cette inondation. On ne la connaît que par une inscription sur marbre placée dans l'église Saint-Nicolas, et que nul ne songeait à lire. D'ailleurs à cette époque les quais de la rive gauche n'existaient pas encore, dès lors rien d'étonnant qu'à la suite d'une crue extraordinaire l'inondation eût gagné le faubourg. Pour prévenir le retour de ce désastre, la province du Languedoc fit construire les quais et les terrassements que l'on voit aujourd'hui, et depuis cette époque Saint-Cyprien avait vu passer à ses pieds les plus grandes inondations sans être atteint. Celle de 1855 n'était-elle pas la plus extraordinaire du siècle ? et l'eau s'était arrêtée au-dessous du parapet du quai Dillon, élevé de près de 7 mètres au-dessus du niveau de la Garonne. D'ailleurs quitter à l'improviste une habitation n'est pas, surtout pour les pauvres gens, chose aussi facile qu'on se l'imagine. Les personnes riches n'ont qu'à ouvrir leur secrétaire et à mettre dans un portefeuille les valeurs qu'il contient. Elles peuvent faire le sacrifice du linge et du mobilier, elles savent qu'elles retrouveront tout cela facilement ailleurs. Il n'en est pas de même du petit artisan qui, vivant de son labeur quotidien, consacre toutes ses épargnes à l'acquisition de ses ustensiles de travail ou de ménage, de son vestiaire, de ses meubles, de ses marchandises, s'il est commerçant, Il ne peut quitter sa maison sans emporter ce qu'il a de plus précieux ; mais par où commencer, comment faire un choix ? Tous les objets qui sont autour de lui lui sont chers. Il hésite, il cherche, il perd ses instants à ouvrir les tiroirs, à empaqueter jusqu'au moment où le torrent, maître de la rue, vient lui boucher la porte de sa maison. C'est ce qui arriva à la malheureuse population de Saint-Cyprien, appartenant en grande partie à la classe ouvrière et à la petite industrie. Comme je l'ai dit, personne ne croyait à l'imminence d'un danger jugé impossible, et d'un autre côté ces pauvres gens ne pouvaient se résoudre à abandonner leur demeure, ou, pour parler plus exactement, ce qu'elle contenait. Les femmes se faisaient surtout remarquer par cette obstination, et, pendant qu'elles s'attardaient à faire un choix parmi les pièces de leur vestiaire et à empaqueter celles qu'elles voulaient emporter, l'eau leur coupait brusquement la retraite.

Ce fut vers quatre heures de l'après-midi que les habitants de Saint-Cyprien se décidèrent enfin à ouvrir les yeux. Malheureusement il était déjà trop tard pour beaucoup d'entre eux. Les digues qu'on avait essayé d'improviser en amont du faubourg venaient de céder à la pression toujours croissante des eaux et bientôt le torrent, envahissant les rues, remplissait les caves, inondait les rez-de-chaussée et rendait impossible toute circulation. Les bateliers de la Garonne, qui depuis le matin n'avaient cessé de travailler au sauvetage des habitants du faubourg Saint-Michel, du quai de Tounis et du quartier des Amidonniers, se disposèrent aussitôt à continuer leur œuvre de dévouement sur la rive gauche du fleuve. En même temps des soldats d'artillerie à cheval, suivis de leurs fourgons, parcouraient les rues envahies et recueillaient dans leurs voitures les malheureux habitants. Il en était de même des omnibus, réquisitionnés à cet effet. Bien que les maisons qui bordaient l'avenue de Muret eussent déjà disparu emportées par le torrent, bien que nombre d'habitations du faubourg Saint-Cyprien eussent subi le même sort, et que la crue continuât toujours, personne, je crois, ne se doutait encore à ce moment de l'horrible catastrophe qui se préparait. L'activité, le dévouement des artilleurs et des bateliers, aidés de quelques hommes courageux qui faisaient le sacrifice de leur vie pour venir en aide à tant de victimes, eussent peut-être suffi pour arracher à la mort le plus grand nombre de ces infortunés et restreindre la catastrophe dans de certaines limites. Un défaut de proportion entre le nombre et les dimensions des arches du Pont-Neuf et le débit de la Garonne dans ses moments de grande crue allait changer le désastre en cataclysme. Tandis que le pont Saint-Michel, situé en amont du Pont-Neuf, s'étend sur un espace d'à peu près 500 mètres, ce dernier n'a qu'environ 130 mètres de longueur. L'eau, ainsi refoulée comme dans un entonnoir, devait nécessairement se déverser ailleurs lorsque le débit du fleuve dépasserait le débit du pont. C'est ce qui eut lieu sur les cinq heures. A ce moment, la Garonne, d'après les calculs les plus modérés des ingénieurs hydrographes qui suivaient d'un œil anxieux les péripéties de ce drame, roulait 15,000 mètres cubes d'eau à la seconde. Les arches du pont avec les lunettes qui les surmontent, ne pouvant en laisser échapper que les deux tiers, 5,000 mètres cubes d'eau devaient chercher une autre issue. Cette issue fut naturellement le faubourg Saint-Cyprien, dont le niveau est un peu plus bas que celui de Toulouse. En un instant, le quai

Dillon fut atteint, et le trop-plein du fleuve, se déversant aussitôt en avalanches irrésistibles, alla rejoindre les eaux venues d'amont. Dès lors le sinistre était à son comble. Les deux torrents, on pourrait dire les deux fleuves, réunissant leurs forces de dévastation, n'eurent plus qu'à broyer à l'aise cette malheureuse cité. La nuit approchait, nuit de fièvre et d'angoisses inexprimables pour cette population de 125,000 âmes qui s'appelait d'une rive a l'autre sans pouvoir se secourir. La pluie qui persistait avec un caractère inquiétant achevait de tout assombrir. Bientôt l'obscurité fut complète dans le faubourg, car au milieu d'un tel désarroi il n'était plus question d'allumer le gaz. A tant de causes qui rendaient le sauvetage impossible venait s'en ajouter une nouvelle, la plus redoutable de toutes : la plupart des maisons, par un vice de construction sur lequel je reviendrai, s'écroulaient sur place, ensevelissant leurs habitants et remplissant les rues de leurs débris. L'autorité militaire, jugeant qu'il était inutile d'exposer plus longtemps la vie des soldats qui parcouraient ces malheureux quartiers, fit sonner le signal de la retraite. On sait que plusieurs, emportés par la fièvre du dévouement, ne voulurent pas obéir à l'appel de leurs chefs, et que quelques-uns payèrent de leur vie ce généreux refus.

Cependant les bateliers, aidés de quelques hommes courageux qui avaient fait le sacrifice de leur existence, continuaient à travailler au sauvetage malgré les obstacles de toute sorte qui entravaient leurs efforts. Les habitants, réfugiés aux chambres du second étage, appelaient au secours, de leurs fenêtres, dès qu'ils apercevaient une barque. Celle-ci s'accrochait comme elle pouvait à l'aide de cordages aux becs de gaz, aux balcons ou aux fenêtres et recevait ainsi les malheureux inondés, qui souvent étaient obligés de descendre le long d'un drap de lit fixé à la fenêtre de l'habitation. Malheureusement il devenait de plus en plus difficile de diriger une embarcation dans ce fouillis de maisons éventrées, de rues changées en torrents, d'épaves de toute sorte qui venaient heurter le bateau ; il arrivait trop souvent que ce dernier, poussé par un tourbillon, venait frapper contre un mur et chavirait, entraînant sauveteurs et naufragés. Peu d'entre eux revenaient à la surface. Ainsi périt l'infortuné marquis d'Hautpoul, et d'autres dont les noms sont restés obscurs. Les chances de la lutte devenant de la sorte de plus en plus rares, les malheureux habitants étaient obligés de fuir d'étage en étage et de se frayer un chemin à travers les toits jusqu'à ce qu'ils eussent gagné une maison qui leur parût plus solide que la leur.

Une circonstance toute fortuite venait aggraver chez beaucoup l'horreur de la situation. De même que lors de l'inondation de 1772, le cimetière de Rapas, situé en amont de Saint-Cyprien, avait été labouré par les eaux, et des croix de bois, quelquefois des cercueils, quelques-uns même prétendent des os en putréfaction, venaient flotter à la hauteur des étages où se tenaient les habitants et entraient parfois dans les maisons. Pour ces populations méridionales, facilement accessibles aux impressions, n'était-ce pas là un nouveau signe de la colère divine qui se manifestait d'une façon si terrible ? Plusieurs personnes assurent qu'un cercueil parti le matin de l'Hôtel-Dieu fut ramené le soir dans la salle d'où il était sorti. Disons à ce propos que, grâce à l'activité déployée par l'administration de l'Hôtel-Dieu et de l'hospice de la Grave, tous les malades de ces deux établissements purent être évacués à temps vers l'hôpital militaire, situé sur la rive droite. Du reste ces deux édifices résistèrent à l'inondation, il en fut de même de plusieurs habitations particulières dont la construction n'avait pas été négligée ; mais la plupart des maisons s'effondraient de minute en minute avec un fracas épouvantable qui achevait de glacer d'effroi cette malheureuse population. Réfugiés aux derniers étages de leurs demeures ou sur les toits, ne voyant autour d'eux que des scènes de destruction, ces infortunés ne se faisaient nullement illusion sur le sort qui leur était réservé, et, comme les naufragés d'un navire qui s'engloutit, attendaient la mort en prière ou dans les sombres fureurs du désespoir. Chez certaines personnes, principalement chez les femmes, ce mélange de résignation, de perspectives tragiques, d'appréhensions confuses, provoquait parfois des effets psychologiques extraordinaires. Au couvent des Feuillans, les jeunes filles, sous la conduite des religieuses qui étaient à leur tête, passèrent la nuit en prière pour se préparer à la mort qu'elles attendaient à tout instant, et quand au matin une barque montée par des militaires vint les chercher, plusieurs d'entre elles semblaient hésiter à se livrer aux bras de leurs libérateurs, comme si elles répugnaient à reconquérir une existence dont elles avaient fait l'abandon. Au milieu de cette confusion, où le hasard et l'imprévu tenaient une si large place, il s'opérait parfois les sauvetages les plus étranges. Au moment où une maison s'effondrait, le toit ou un plancher, se détachant des murs, flottait à la surface du courant. Le malheureux qui se trouvait sur ce radeau improvisé se hâtait de le quitter pour s'accrocher aux branches du premier arbre qu'il rencontrait sur son chemin, et passait ainsi la nuit et une partie du lendemain, attendant qu'une barque vînt le chercher ou que la retraite des eaux lui permît de regagner la terre ferme. Tel de ces infortunés dut attendre dix-huit heures avant de pouvoir quitter ce gîte. Des faits non moins remarquables se produisirent sur d'autres points. A Saint-Cyprien une femme fut saisie des douleurs de l'enfantement au milieu de la nuit et accoucha sur le toit où elle s'était réfugiée avec son mari. Celui-ci sauva l'enfant, mais la mère ne put survivre à tant d'émotions. A Bordeaux, chose plus extraordinaire encore, on trouva un enfant endormi dans un berceau qui flottait à la surface de la Garonne, et que le fleuve avait enlevé à quelque habitation des environs.

Que se passait-il sur la rive droite pendant que le faubourg Saint-Cyprien s'effondrait sous les eaux ? Dès le premier moment du danger, le général de Salignac-Fénelon, commandant du corps d'armée de Toulouse, les généraux qui étaient sous ses ordres, M. le baron de Sandrans, préfet de la Haute-Garonne, M. Toussaint, maire de la ville, les ingénieurs, des officiers de toute arme, s'étaient rendus à leur poste, prêchant d'exemple pour organiser le sauvetage. Le quartier-général était naturellement la tête du Pont-Neuf, dont la circulation fut de bonne heure interdite. Vers cinq heures du soir, lorsque le fleuve commença de se déverser sur le quai Dillon, une émotion indescriptible gagna tous les esprits ; chacun comprenait qu'aucune force humaine ne pouvait désormais conjurer le fléau et empêcher la destruction du malheureux faubourg. Entre six et sept heures, un horrible craquement se fit entendre ; le pont Saint-Michel venait de s'abattre. C'était à la fois une nouvelle masse d'eau qui arrivait, et de nouvelles épaves venant s'ajouter à celles qui depuis le matin se ruaient comme autant de béliers sur les arches du Pont-Neuf. Pour se rendre compte de l'énorme pression qui pesait sur ce pont, il faut se rappeler que le fleuve débitait à ce moment environ 15,000 mètres cubes d'eau à la seconde avec un minimum de vitesse de 10 à 12 mètres, et que la pression est proportionnelle non à la vitesse, mais au carré de cette vitesse. Dès lors rien d'extraordinaire que le pont parût en danger ; des trépidations de mauvais augure se faisaient déjà sentir. Devant une telle situation, il fut question de faire sauter l'extrémité du pont qui touchait au faubourg Saint-Cyprien pour offrir un nouveau passage à l'eau. L'entreprise était périlleuse, mais non impossible. Il ne manquait pas, soit parmi les officiers et les soldats, soit parmi les habitants, des hommes prêts à faire le sacrifice de leur vie. Cependant on recula devant les suites d'un tel projet ; il était trop tard pour sauver le faubourg, et la destruction d'une partie du pont pouvait entraîner les conséquences les plus graves sur la rive droite. A la suite de la brèche qu'on aurait ainsi pratiquée, le pont, ayant perdu une grande partie de sa force de résistance, aurait pu s'écrouler tout entier, pilier par pilier. Dès lors le débit de l'eau se trouvant soudainement presque doublé, les quais de la rive droite, la chaussée et le moulin du Basacle pouvaient être également emportés, et d'affreux ravages s'exercer dans les parties basses de la ville, telles que le quartier des Amidonniers, déjà si cruellement éprouvé.

La population, répandue sur les quais malgré la persistance de la pluie, suivait d'un œil inquiet le progrès de la crue, supputant les chances qui restaient pour échapper au fléau. A tout moment, un bruit sourd se faisait entendre, c'était une maison qui s'écroulait de l'autre côté du fleuve. Ce bruit sinistre arrivait jusqu'au lycée, situé presqu'au centre de la ville. La grande préoccupation de tous les esprits était de savoir quand l'eau commencerait à baisser. Ce moment, qui tenait en suspens la vie d'une population de plus de 120,000 âmes, se présenta entre dix et onze heures du soir. A cet instant, l'eau montait à l'embouchure du canal du Midi à 9m,50 au-dessus du zéro de l'échelle ; c'était environ 2m,50 plus haut que l'inondation de 1855. Dès lors on commençait à respirer. La crue ne cessa de diminuer à partir de ce moment d'une façon sensible, et à deux heures du matin l'eau avait déjà baissé de 1m,50. Dès la pointe du jour, l'accès du faubourg était devenu possible ; on vit reparaître les artilleurs avec leurs fourgons, les soldats de l'infanterie montaient sur les barques et aidaient les bateliers. Le sauvetage, interrompu la veille par la nuit et la hauteur des eaux, ne s'arrêta plus que quand le dernier naufragé eut été déposé sur la rive droite. Cependant, il faut le dire, le danger n'était pas moins grand que la veille pour les sauveteurs, car les maisons, détrempées par les eaux, ne cessaient de s'écrouler.

Le spectacle qu'offraient alors les rues de Toulouse, surtout celles qui aboutissaient au Capitole, où se trouve la mairie, était navrant. C'étaient tous les naufragés de la veille, demi-nus, transis de froid et portant l'empreinte des indicibles souffrances qu'ils avaient endurées. Ils venaient demander du pain, des vêtements et un asile. Pour le moment, l'horizon de leurs espérances ne pouvait s'étendre au-delà. De malheureuses mères qui allaitaient des enfants demi-morts de faim excitaient surtout la compassion de ceux qui assistaient à ce lugubre défilé d'épaves humaines. Le dévouement qui s'était révélé la veille par tant d'actes d'héroïsme, le plus souvent restés inconnus, ne se ralentit pas ce jour-là ni les jours suivants. Il changea seulement de forme, comme l'exigeait la situation, et se manifesta par la charité la plus touchante. On savait, et nous sommes heureux de faire ressortir ce trait du caractère national, que des souscriptions allaient s'ouvrir sur tous les points du territoire, que la France entière répondrait à cet appel, mais on ne pouvait attendre ; il fallait sur l'heure des secours immédiats, et en premier lieu une nourriture convenable qui rendît la vie à cette population exténuée depuis la veille par des privations et des souffrances de toute sorte. On se fera une idée de l'immensité du mal à réparer, si l'on songe que plus de 1,200 maisons avaient été démolies ou étaient devenues inhabitables à Saint-Cyprien, que 200 environ avaient subi le même sort dans les autres faubourgs de Toulouse, et que toutes les usines qui se trouvaient sur le cours de la Garonne avaient été détruites ; plusieurs milliers d'ouvriers se voyaient sans travail en dehors de ceux qui avaient été naufragés, et venaient ainsi accroître la liste des nécessiteux. Si l'on ajoute que tous les habitants sans exception du faubourg Saint-Cyprien avaient dû émigrer, même ceux dont les habitations étaient intactes, parce qu'il n'en existait aucune dont le rez-de-chaussée ne fût envahi par les eaux, il est permis de supposer qu'un cinquième presque de la population, c'est-à-dire 15,000 ou 20,000 bouches, demandaient du pain. On réduisit, il est vrai, ce chiffre en opérant un triage entre les sinistrés proprement dits dont la situation demandait d'urgence des secours et ceux qui ne réclamaient que du travail, et dont une grande partie en trouva tout de suite au déblaiement du faubourg Saint-Cyprien. Malgré cette épuration, le nombre des misères à soulager semblait hors de proportion avec les ressources qu'on avait sous la main.

Le généreux élan qui se manifesta dans les diverses classes de la société suppléa bientôt à tout. La plupart des établissements publics, jusqu'aux salles de bal, furent convertis en ambulances. Celles-ci ne suffisant pas, toutes les personnes aisées amenèrent chez elles un nombre de naufragés en rapport avec les dimensions du local dont elles disposaient. Les médecins de la ville s'entendirent pour se partager la surveillance des divers quartiers ; chaque grand établissement était dirigé par l'un d'eux. Un côté avait été réservé aux hommes, l'autre aux femmes et aux enfants. Quand le local le permettait, les nourrices occupaient une salle séparée. Des frères de la doctrine chrétienne veillaient au dortoir et à la salle des hommes, des religieuses aux appartements des femmes et des enfants. Les dames de la ville, en tête desquelles on voyait figurer les plus grands noms de l'aristocratie toulousaine, se partagèrent aussi les divers quartiers pour aller soigner elles-mêmes ces milliers de victimes. Des fourneaux économiques furent organisés sur l'heure, ou plutôt l'avaient été dès le matin, car les autorités municipales et les hommes qui les secondaient se montrèrent toujours à la hauteur de leur mission dans ces circonstances si critiques, de sorte que ces malheureux affamés trouvaient une nourriture fortifiante presque aussitôt leur installation. En même temps des fourgons traversaient les rues pour recevoir du linge, des vêtements, des objets de première nécessité. Chaque fourgon était monté par un tambour et un clairon, ainsi que par un délégué de la municipalité, qui inscrivait les offrandes. A cet appel bien connu, chacun s'empressait de donner son contingent. Le soir, le Capitole regorgeait d'objets de toute sorte apportés par les fourgons, sans compter plus de 30,000 francs déposés dans la journée à la mairie. Le conseil municipal, après avoir décrété que les officiers et les soldats de la garnison avaient bien mérité de la cité, vota 100,000 francs pour les inondés ; puis vint le tour du conseil-général, qui en vota 400,000. Ces diverses sommes, jointes aux souscriptions recueillies dans les bureaux de tous les journaux de la ville et aux quêtes faites à domicile par les dames patronnesses du comité de secours, permirent de subvenir aux nécessités les plus pressantes et d'attendre que l'assemblée et la France vinssent en aide.

Cependant des difficultés d'un autre ordre ne tardèrent pas à surgir. Toutes les minoteries de la ville ayant été envahies par les eaux, tout le grain, tous les sacs de farine qui s'y trouvaient avaient disparu ou restaient avariés, et la population allait manquer de pain. Les animaux de boucherie et le jardinage faisaient également défaut, car tous les environs étaient horriblement ravagés, et, les chemins de fer ayant été rompus presque sur tous les points, les arrivages étaient devenus impossibles ; les télégrammes faisaient des détours extraordinaires pour arriver à destination : une dépêché adressée à Bigorre avait dû passer par Marseille, Limoges et Bordeaux. Une ligne cependant restait intacte ou avait peu souffert, celle de Toulouse à Cette. Celle-là suffirait pour ravitailler la cité. Le maire de Toulouse faisait appel aux municipalités des grandes villes qui se trouvaient dans cette direction. Celles-ci y répondirent aussitôt : Montpellier, Béziers, Carcassonne, pour ne parler que des plus importantes, envoyèrent tous les approvisionnements qui se trouvaient à leur disposition. Rassurée de ce côté, la municipalité put reporter toute son activité du côté de Saint-Cyprien, où les soldats de la garnison ne cessaient de travailler depuis la matinée du 24.

La première préoccupation fut de retirer les morts ensevelis sous les décombres, afin de constater le nombre des victimes, leur donner la sépulture et prévenir les effets de la putréfaction. Des photographes étaient chargés du soin de fixer les traits de chaque victime, afin que les parents ou les amis des naufragés pussent les reconnaître. Deux cents cadavres environ défilèrent ainsi sous l'objectif funèbre ; mais, arrivé à ce nombre, on dut renoncer à une telle entreprise, la décomposition des cadavres rendant l'opération à la fois dangereuse et inutile. Les ingénieurs et les architectes chargés de veiller aux démolitions étaient préoccupés d'un autre problème non moins important. Il s'agissait de faire un choix entre les maisons dont la solidité n'avait pas été atteinte par l'inondation et celles qu'il fallait démolir pour éviter un écroulement peut-être tardif, mais certain. Dans l'impossibilité de retirer tous les cadavres engloutis sous les débris, on devait aussi chercher les moyens de prévenir les épidémies qui pourraient résulter de leur décomposition. Enfin, chose peut-être la plus difficile de toutes, il fallait retirer l'eau des caves et des sous-sols. Bordeaux envoya une compagnie de pompiers à cet effet. Tous les naufragés valides du faubourg Saint-Cyprien, beaucoup d'ouvriers qui se trouvaient sans travail et de nombreux détachements de soldats se mirent à l'œuvre sans relâche pour conduire à bonne fin cette besogne si ingrate. La tâche paraissait si longue, si ardue, qu'on proposa, pour en finir d'un seul coup, de mettre le feu au faubourg. Le remède avait du bon, mais il parut trop radical, et on s'en tint à la lente et pénible méthode des déblaiements.

Grâce aux efforts des ingénieurs, des architectes et des officiers de l'armée qui dirigeaient les travaux, on put continuer l'œuvre sans essuyer les accidents qu'on redoutait, et dont le plus grave était la crainte des épidémies. Aujourd'hui on connaît le chiffre exact des maisons atteintes par le fléau dans ce malheureux faubourg : 953 ont été détruites, 257 restent inhabitables ; total : 1,210 habitations à reconstruire. J'ai déjà dit que le chiffre de celles qui ont disparu dans les faubourgs de la rive droite s'élève à environ 200. Un mot attribué au maréchal de Mac-Mahon lors de son passage à Toulouse donne une idée assez juste de l'aspect que présentait Saint-Cyprien au lendemain du désastre : « Les champs de bataille de Crimée, d'Italie et de Reichshofen n'étaient rien auprès de ce que je vois ici. » Ajoutons que les soldats du génie et les pontonniers appelés par le général de Cissey, les premiers pour aider aux travaux de déblaiement, les seconds pour construire des ponts de bateaux, furent de puissants auxiliaires et les dignes continuateurs des soldats de l'artillerie et des mariniers qui avaient exposé si courageusement leur vie dans les moments les plus critiques de l'inondation.

Section IV

Je dirai peu de chose sur les autres localités dévastées par le fleuve, pour éviter les répétitions. Qu'on se figure chaque fois une nouvelle édition du désastre de Saint-Cyprien, avec des proportions moindres, il est vrai, mais uniquement parce que le cadre était plus restreint. C'était toujours la Garonne continuant à grossir par l'arrivée de nouveaux affluents, principalement sur la rive gauche, où venaient se déverser toutes les eaux qui depuis trois jours ne cessaient de tomber sur le plateau de Lannemezan et sur les contreforts des Hautes-Pyrénées ; c'étaient des populations lisant sans les comprendre les dépêches qui leur annonçaient une crue extraordinaire, et dédaignant les avis réitérés des autorités, persuadées qu'elles avaient vu en 1855 le maximum d'effet que pouvaient produire les inondations de la Garonne, puis tout à coup les flots se précipitant avec une rapidité foudroyante et broyant tout ce qu'ils rencontraient sur leur passage. Tel fut le sort de tous les lieux situés entre Toulouse et Agen. Dans le département de la Haute-Garonne, trois villages, Fenouillet, Oudes et Gagnac, placés en aval de Toulouse, furent écrasés et anéantis comme l'avaient été en amont Auterive et Pinsaguel. L'église, la mairie et trois ou quatre habitations plus solidement bâties que les autres, étaient d'ordinaire les seules constructions qui restassent debout. Plusieurs centaines de familles se voyaient dans le dénuement le plus absolu, sans pouvoir, comme à Toulouse, adoucir leur situation par les ressources immédiates qu'offre une grande cité. Quelques-uns de ces infortunés, ne voulant pas survivre à leur ruine, se donnèrent la mort ; les autres se dispersaient la nuit dans les granges de la campagne, et le jour, venaient aider les soldats au déblaiement de leurs maisons, tâchant de retirer quelques maigres épaves de leur mobilier. De la Haute-Garonne le fléau passa dans le Tarn-et-Garonne, et dévasta d'une manière affreuse deux arrondissements, celui de Castelsarrasin et celui de Moissac. A Castelsarrasin, le faubourg Garonne fut entièrement détruit, sauf cinq ou six maisons ; il en fut de même de plusieurs hameaux des environs. La ville n'échappa au fléau que parce que le sol sur lequel elle est bâtie s'élève un peu au-dessus de la plaine. L'inondation s'avança dans les terres jusqu'à 6 kilomètres du lit du fleuve, sans rien perdre de son intensité, car le village de Golfech, qui se croyait par son éloignement à l'abri de toute atteinte, et qui depuis des siècles peut-être n'avait jamais vu les eaux de la Garonne arriver jusqu'à lui, fut presque entièrement détruit. Là, comme partout ailleurs, les avis ne manquèrent pas. Dès les premières dépêches annonçant l'imminence du danger, M. Desprès, préfet de Montauban, était parti lui-même pour prévenir les lieux menacés et organiser le sauvetage. Peine perdue, personne ne voulut croire à un péril jugé impossible, et une cinquantaine de personnes payèrent de leur vie cette imprudence. Le même fait se produisit à Moissac : un faubourg situé près de l'embouchure du Tarn fut entièrement dévasté par les eaux de cette rivière, que la Garonne avait refoulées ; un autre quartier aurait eu le même sort si le sous-préfet n'avait fait rompre en amont de la ville les digues qui retenaient le canal latéral, et déverser ainsi dans le lit du Tarn le trop-plein des eaux venues de la Garonne. Parmi les localités environnantes également dévastées, citons seulement La Magistère, qui perdit plus de 100 maisons, et Saint-Nicolas-de-la-Grave, qui eut le même sort que Golfech. Plus de 1,600 habitations furent détruites dans ce seul département, 116 personnes y perdirent la vie, et 4,000 familles se trouvèrent dans le dénuement.

Du Tarn-et-Garonne, l'immense lave, grossie du Tarn et un peu plus loin du Gers ainsi que d'autres affluents moins importants, continua de s'avancer sur la rive droite dans la direction d'Agen. A quelque distance en amont de cette ville, elle se trouva arrêtée toute la journée du 24 par la levée du chemin de fer de la ligne d'Auch à Agen. Un viaduc de vingt et une arches offrait, il est vrai, une issue, mais beaucoup trop insuffisante pour les masses d'eau qui s'accumulaient depuis la veille. Ce barrage fut rompu vers quatre heures du soir, et l'avalanche liquide, se précipitant à l'assaut de la malheureuse cité, aurait renouvelé l'épouvantable drame du faubourg Saint-Cyprien, si les constructions n'eussent été plus solidement bâties, et si une partie de la ville ne se fût trouvée par son élévation au-dessus de l'atteinte des flots. Une heure après, l'eau inondait les quartiers les plus riches et les plus populeux. Le séminaire et la caserne furent bientôt envahis ; la violence du courant était telle que ni les élèves ni les soldats n'eurent le temps de prendre la fuite. On fut obligé de venir les chercher par les fenêtres avec des barques.

Dès midi, les autorités avaient été prévenues, par des dépêches venues de Toulouse, que la crue allait toujours en grossissant et qu'elle atteindrait bientôt une hauteur de 12 mètres. Aussitôt les gendarmes avaient parcouru la ville à cheval, prévenant les habitants. Personne ne bougea. C'était toujours le même mirage, le souvenir de l'inondation de 1855, de l'avis de tous, la plus extraordinaire qui pût se produire, et qui n'avait amené aucun des désastres qu'on prophétisait. L'eau ne cessa de monter jusqu'à dix heures du soir, où elle atteignait 11m,70 au-dessus de l'étiage. C'était 1m,50 de plus que l'inondation de 1770, la plus grande dont on ait gardé le souvenir. La partie de la ville qui longe le fleuve, et qui est habitée principalement par des familles de pêcheurs, eut particulièrement à souffrir. L'arrivée subite des eaux ayant empêché ces pauvres gens de fuir, ils durent se réfugier sur les toits, implorant un secours qui ne venait pas, car le temps, peut-être aussi les moyens d'action, avaient manqué pour organiser le sauvetage sur une grande échelle. Heureusement que leurs habitations, généralement bien construites, résistèrent à l'action des flots, et qu'ils ne furent pas condamnés à essuyer les intempéries de l'atmosphère, car la pluie avait cessé depuis le matin, et la lune éclairait cette scène de désolation. Cependant des craquements sinistres se faisaient parfois entendre des poutres charriées par le courant avaient éventré un mur, et la maison s'effondrait, ensevelissant plusieurs victimes sous ses débris. Au milieu de ces bruits divers, on distinguait parfois des coups de fusil ; c'étaient les habitants du village de Montbar surpris, eux aussi, par l'inondation, et qui appelaient au secours. L'eau commença de décroître à partir de dix heures du soir, mais si lentement que le lendemain les rues étaient encore inondées et les habitants assiégés dans leurs demeures. Des barques chargées de provisions circulaient comme à Venise et ravitaillaient par les fenêtres ces pauvres affamés. Dans ce département, on ne compte que 30 victimes et 600 maisons détruites, chiffres peu élevés, si on les compare à ceux de la Haute-Garonne et du Tarn-et-Garonne ; mais les récoltes furent ravagées sur une immense étendue, de sorte que les pertes subies dans cette région ont été estimées à près de 25 millions, c'est-à-dire à presque autant que celles de la Haute-Garonne. Pendant les premières semaines qui ont suivi l'inondation, les habitants redoutaient les fièvres paludéennes, comme conséquence du long retrait des eaux et du limon fétide qu'elles avaient déposé sur tout leur passage ; heureusement ces prévisions ne se sont pas réalisées, bien que quelques cas isolés se soient montrés sur plusieurs points.

J'ai dit que la crue de la Garonne avait atteint à Agen 11m,70 au-dessus du zéro de l'échelle. Les nouvelles qui nous arrivaient de ce côté aux premiers moments de l'inondation nous faisaient craindre que cette énorme masse d'eau n'envahît les plaines de la Gironde, et que, le 23 à Toulouse, le 24 à Agen, elle n'arrivât le 25 à Bordeaux. Il n'en fut rien, et aujourd'hui nous pouvons nous rendre raison de ce fait. En recouvrant les plaines du Lot-et-Garonne, l'eau avait perdu en hauteur ce qu'elle gagnait en étendue. Les flots ne pouvaient donc continuer leur dévastation qu'à la condition de réparer incessamment leurs pertes, comme ils l'avaient fait jusqu'alors par l'arrivée de nouveaux affluents ou par la chute d'une nouvelle quantité de pluie. Or la pluie avait cessé dès la matinée du 24, et, à partir du Lot-et-Garonne, le fleuve ne reçoit sur sa rive gauche aucun affluent de quelque importance. Quant à ceux de la rive droite, tels que le Lot, la crue ne les avait pas atteints. L'abaissement de température qui s'était produit sur les cimes des Pyrénées dès le 23 avait changé une partie de la pluie en neige et arrêté d'autant la hauteur de la crue. Ces diverses circonstances réunies limitèrent rapidement le champ de l'inondation. Les villes situées sur le fleuve ou près de ses rives en aval d'Agen, Tonneins, Marmande, La Réole, Langon, furent visitées par la crue, mais n'éprouvèrent que des désordres de peu d'importance, et en furent quittes pour des dégâts purement matériels. Les dernières fluctuations de cette immense lave que nous avons vue commencer au pied des Pyrénées arrivèrent jusqu'à Bègles, à quelques kilomètres en amont de Bordeaux. Là le courant, ayant perdu toute sa force, ne marqua son passage que par le dépôt limoneux laissé dans les champs avoisinant le fleuve. Un propriétaire de cette contrée me faisait ce calcul : « Mon blé a été avarié, il est vrai, et je ne pourrai le vendre que 12 francs au lieu de 20 pour faire de l'amidon ; mais les prairies engraissées par le limon ont donné une seconde coupe d'un rendement extraordinaire qui compensera la perte que j'ai faite en blé, et nous espérons tous une récolte supérieure en qualité comme en quantité pour l'an prochain, sans qu'il soit besoin de fumer nos terres, car l'engrais qu'elles ont reçu des eaux peut être comparé à celui que le Nil apporte chaque année dans la vallée de l'Égypte. » L'inondation aurait eu des conséquences autrement redoutables pour le département de la Gironde, si elle se fût produite à l'époque d'une grande marée, car alors les eaux venues d'amont, refoulées par le flux, se seraient déversées sur les deux rives avec la violence torrentielle qu'elles avaient clans la plaine d'Agen. Cette coïncidence ne se présenta pas, et les habitants de Bordeaux ne purent juger de la hauteur de la crue que par les épaves de toute nature charriées par le fleuve.

Je n'ai pas parlé jusqu'ici des débordements du Gers et de deux autres affluents de gauche de la Garonne, la Save et la Baïse ; mais nous devons mentionner en passant ces trois rivières tant à cause des énormes masses d'eau qu'elles jetèrent dans le fleuve qu'à raison des ravages exercés dans les vallées qu'elles arrosent. A Auch, tous les bas quartiers de la ville furent envahis par le Gers transformé en lac ou plutôt en fleuve aux allures torrentielles. Ces dévastations s'étendirent dans toute la plaine ; elles renouvelèrent dans les campagnes les désastres que nous avons vus se produire dans la vallée de l'Ariège, sauf les épouvantables drames de la Bastide-Besplas, d'Auterive, de Pinsaguel et du village de Verdun. Il en fut de même de la Save et de la Baïse, principalement de la Save. Cependant les désastres ne s'étendirent que sur les récoltes, les constructions et le bétail, La valeur des habitations détruites est estimée à 1 million, celle du bétail et des chevaux perdus s'élève au double.

Les débordements de l'Adour, qui viennent clore la liste des inondations du sud-ouest, furent encore plus considérables que ceux du Gers à raison de l'étendue de son parcours, qui est de 270 kilomètres, et des nombreux gaves qu'il reçoit sur son trajet. Sortie du massif montueux des Hautes-Pyrénées, c'est-à-dire de la région où les pluies avaient atteint leur maximum d'intensité, cette rivière était déjà un fleuve lorsque, quittant les montagnes du Bigorre, elle entra dans la vaste plaine de Tarbes. Un horrible drame faillit se produire dans cette ville. Trois cents personnes environ, réunies sur le pont, regardaient défiler les épaves que charriait le torrent, lorsqu'une trépidation se fit sentir. Le pont commençait à céder à la pression des flots, et un instant après il s'écroulait avec un fracas épouvantable. Dans ces quelques minutes d'intervalle, tout le monde avait eu le temps de s'éloigner, sauf trois ou quatre personnes qui tombèrent dans le fleuve, mais qui heureusement purent s'échapper. Un moment on eut des craintes sérieuses pour l'arsenal, que les eaux avaient déjà entamé. Les habitants des autres localités situées en aval, telles que Aire, Saint-Sever, Dax et Bayonne, pour ne parler que des principales, eurent les mêmes appréhensions que ceux de Tarbes et furent témoins du même spectacle, la vallée changée en lac, et les récoltes emportées ainsi que les constructions qui se trouvaient sur les rives du fleuve. A Aire notamment, un faubourg situé dans la partie basse de la ville fut horriblement dévasté. L'Adour recevant des affluents jusque près de son embouchure, l'inondation alla toujours en grandissant dans la plaine, et dans le département des Landes, situé, comme on sait, dans la partie inférieure de son cours, on estime à 38,000 hectares la superficie des terres envahies, et à 107 le nombre des communes atteintes.

Le chiffre des pertes relevées dans les dix départements envahis par l'inondation est loin d'être aussi élevé qu'on l'avait cru tout d'abord sous l'impression des premières nouvelles. On parlait de plusieurs centaines de millions lorsque le maréchal de Mac-Mahon, au retour de son voyage dans le midi, annonça que, d'après les premières enquêtes faites par les municipalités, le total des pertes ne dépassait pas 150 millions. Ce chiffre, considérablement réduit d'après des relevés plus exacts, dans une lettre adressée par Mme la duchesse de Magenta au président du comité de secours de Londres, fut définitivement fixé à 75 millions lors de la tournée que M. le ministre des travaux publics fit à son tour dans le sud-ouest. 50 millions représentent les récoltes perdues, 20 millions les habitations détruites, 3 millions les routes et les ponts emportés, enfin 2 millions les dégâts subis par les compagnies de chemins de fer. D'après la lettre de Mme la maréchale, le nombre des morts s'élevait à environ 600 et celui des constructions détruites à 6,900. La Haute-Garonne est le département qui a été le plus éprouvé : 330 morts, 2,600 habitations anéanties, 5,000 têtes de bétail perdues. Vient ensuite le Lot-et-Garonne. On a remarqué à ce sujet que, dans toutes les crues extraordinaires de la Garonne, Toulouse et Agen sont les deux villes qui ont le plus à souffrir ; ce sont en effet les localités les plus importantes que rencontre le fleuve dans la zone des inondations. Le Tarn-et-Garonne ne vient qu'en troisième ligne quant au chiffre des récoltes, mais ce département a eu 116 morts à enregistrer, tandis que l'on n'en trouve que 30 dans le Lot-et-Garonne. L'Ariège occupe la quatrième place, bien qu'elle dût venir en troisième ligne, si l'on n'avait égard qu'au nombre des victimes, car on se rappelle que la catastrophe de Verdun engloutit d'un coup 72 habitants.

Des comités de secours ont été institués au chef-lieu de chacun de ces départements pour faciliter l'action du comité central et venir en aide d'une façon plus prompte et plus directe aux inondés. Les autres départements atteints, mais dans des proportions bien moins grandes que les précédents, sont compris, sauf celui de l'Aude, dans la région située entre les Pyrénées et la Garonne et plus spécialement désignée sous le nom de région de sud-ouest. Le montant des souscriptions atteint aujourd'hui 25 millions, et il est probable que l'élan qui s'est manifesté dans toutes les classes de la société ainsi qu'à l'étranger n'a pas dit son dernier mot. Devant de tels résultats, on a pu subvenir aux besoins immédiats des milliers de familles ruinées, pourvoir à leur entretien, leur donner des lits, des vêtements, les meubles indispensables, remplacer les outils nécessaires pour le travail, enfin leur distribuer des graines qui leur permissent d'ensemencer leurs champs. Malgré les dépenses qu'entraînait une œuvre si laborieuse, le comité central a pu accorder 60 pour 100 pour la construction des maisons détruites, de sorte qu'il sera bientôt permis de dire que les dernières traces de tant de désastres ont disparu.

Section V

La périodicité des inondations dans le bassin de la Garonne et de ses affluents soulève pour les populations du sud-ouest certaines questions importantes qui méritent d'être examinées. Celle qui frappe tout d'abord l'attention, c'est l'immense quantité d'habitations détruites. Quelques-unes ont été emportées par la violence du courant ; mais c'est là le petit nombre. La plupart se sont effondrées sur place comme si les eaux eussent exercé une action dissolvante sur les fondements. Enfin, chose non moins extraordinaire au premier abord, tandis que certaines localités voyaient les maisons s'écrouler par centaines, dans d'autres les constructions résistaient vaillamment malgré la violence du courant, et bien que l'eau montât jusqu'au premier étage. C'est d'ordinaire dans les villes de la région pyrénéenne que les demeures tenaient bon, c'est dans la plaine qu'elles cédaient à l'action des eaux. Saint-Girons et le Mas d'Azil par exemple, situés sur les derniers contre-forts des Pyrénées Ariègeoises, sont sortis intacts de l'inondation, bien que certains quartiers aient été complètement envahis, tandis qu'Auterive et Pinsaguel, placés un peu plus bas, tout à fait dans la plaine, ont été cruellement dévastés. Cette anomalie s'explique, si l'on considère la nature du terrain sur lequel s'élèvent ces villes, car, le sol fournissant les matériaux de la construction, la solidité de celles-ci dépend Uniquement de la constitution géologique du pays. Dans toutes les villes situées au bas des Pyrénées, on trouve le calcaire qui fournit à la fois les deux éléments essentiels de toute bonne maçonnerie : la chaux et la pierre à bâtir. En s'avançant dans l'intérieur de la montagne, le calcaire est remplacé par le granit, et les constructions n'en valent que mieux. La chaux du reste ne fait jamais défaut. Il n'en est plus de même quand on descend dans la plaine, uniquement formée de terrains d'alluvion. Là, plus de chaux, plus de pierres à bâtir. On peut, il est vrai, y suppléer par la brique ; on a vu élever ainsi des monuments d'une remarquable solidité. Toulouse est tout entière bâtie en briques, et certains édifices, comme l'Hôtel-Dieu, ont soutenu l'assaut des flots sans se laisser entamer. Malheureusement il n'en a pas été de même de la plupart des habitations particulières, dont les propriétaires ont pour premier principe d'architecture de tout sacrifier à l'économie. Ces derniers suppriment volontiers la chaux, que l'éloignement rend trop coûteuse, sauf à la remplacer par du mortier en terre, et se servent de brique crue au lieu de brique cuite. De là les résultats les plus divers et des incidents inexplicables au premier abord dans l'effondrement des maisons. Les voyageurs qui au lendemain de l'inondation se rendaient au faubourg Saint-Cyprien par l'avenue de Muret étaient surpris de la variété que présentaient les squelettes des maisons qui bordaient la route. A côté d'habitations entièrement détruites, on voyait des façades intactes, mais les murs latéraux et celui de derrière étaient tombés. Plus loin, les quatre murailles restaient debout, et cependant le toit et les planchers s'étaient écroulés. Tout cela tenait uniquement à la quantité de chaux et à la nature des briques employées. La plupart des demeures, étant bâties avec de la brique crue et du mortier d'argile, ne pouvaient opposer aucune force de résistance, et s'étaient écroulées tout entières. Quand une façade seule était debout, cela signifiait qu'elle avait été construite avec de la brique cuite et de la chaux, tandis que le reste de la bâtisse, fait négligemment et avec de mauvais matériaux, avait subi la loi commune. Si les quatre murs tenaient bon, c'est que le propriétaire n'avait pas reculé devant les dépenses d'une construction de solide maçonnerie. Malheureusement, ne prévoyant pas que l'inondation viendrait un jour visiter sa demeure, il avait cru pouvoir se servir de brique simplement séchée au soleil pour les murs de refend et les cloisons intérieures. L'eau délayait peu à peu ces murailles d'argile, et au bout de quelques heures, les supports intérieurs venant à manquer, les planchers et le toit s'écroulaient en même temps. Frappée de ces vices de construction et des désastres qu'ils ont entraînés, la municipalité de Toulouse a arrêté que désormais « les fondations des nouvelles maisons seront descendues jusqu'au terrain suffisamment ferme et faites en maçonnerie avec mortier de chaux. Tous les murs, y compris les murs mitoyens, de refend ou divisoires, seront construits en matériaux solides de mortier de chaux, à l'exclusion des briques vertes et du mortier de terre, jusqu'à une hauteur de 3m,50 au-dessus du niveau du sol, et dans tous les cas de 2 mètres au-dessus du plan d'eau de la crue du 23 juin 1875. » Espérons que les municipalités des autres villes riveraines de la Garonne suivront l'exemple de Toulouse. Au reste la chaux, grâce au chemin de fer, n'est plus aujourd'hui, comme autrefois, une rareté coûteuse, et, quant à la pierre, les débordements du fleuve ont jeté sur ses deux rives une telle quantité de galets que pendant de longues années les constructeurs pourront, s'ils veulent, renoncer à la brique.

Le comité central de secours pour les inondés s'est préoccupé, lui aussi, de l'importance de cette question, et, dans une circulaire adressée par le ministre de l'intérieur aux préfets des départements inondés à la date du 14 août, ce comité déclare que « l'attribution des secours est soumise à la condition expresse que les bâtiments seront reconstruits en bonne maçonnerie hydraulique. » Il ajoute « qu'il ne sera fait d'exception que pour les propriétaires qui se transporteraient sur les plaines hautes et insubmersibles. » Des surveillants, choisis d'ordinaire parmi les agents-voyers et les conducteurs des ponts et chaussées, doivent veiller à l'exécution de ces prescriptions. On sait que le comité central a délégué de son côté trois commissaires chargés de surveiller la reconstruction des maisons détruites par l'inondation.

Après l'immense hécatombe d'habitations qu'a laissée derrière elle l'inondation du 23 et 24 juin, un autre fait frappe l'attention. Je veux parler de la fréquence, du retour périodique et de l'intensité croissante des crues extraordinaires de la Garonne. A cette question s'en rattache une autre : la science dispose-t-elle de moyens assez puissants non pour supprimer les crues, qui relèvent uniquement du domaine de la météorologie, mais pour en atténuer, du moins dans certaines limites, les effets destructeurs ? La solution de ce problème a d'autant plus d'importance qu'il s'agit non pas seulement de prévenir les dévastations des récoltes et des habitations, mais d'éviter en même temps deux fléaux non moins redoutables, la famine et la peste, qui ne sont que trop souvent les suites fatales de tels désastres. A l'heure qu'il est, le premier de ces fléaux n'est plus à redouter, grâce à la navigation à vapeur et aux chemins de fer, qui dans quelques jours peuvent apporter des marchés étrangers toutes les céréales nécessaires aux régions dévastées ; mais il n'est pas aussi facile d'éviter les fièvres paludéennes et toutes les maladies qui en dérivent. Les annales des inondations du bassin de la Garonne nous offrent de tristes renseignements à ce sujet. A la suite de la crue de 1653 et des dévastations qu'elle entraîna, les récoltes étant entièrement perdues, la famine ne tarda pas à se faire sentir ; les fièvres occasionnées par la stagnation des eaux chargées de détritus organiques dans les plaines envahies augmentèrent la mortalité dans des proportions effrayantes. On estima qu'il mourait 80 personnes par jour entre Toulouse et Agen ; la moitié de la population succomba. Des désastres encore plus grands ont peut-être frappé à d'autres époques les populations riveraines de lq Garonne, mais les chroniqueurs de nos premiers siècles, uniquement occupés des faits d'armes, ne nous apprennent que fort peu de chose à ce sujet.

La plus ancienne mention qui soit faite des inondations du midi de la France est, je crois, celle que nous trouvons dans notre vieil historien Grégoire de Tours, et qui eut lieu et la cinquième année du roi Childebert. » Depuis Grégoire de Tours, les chroniques redeviennent muettes, et il faut arriver au XIIIe siècle pour avoir quelques renseignements sur les crues de la Garonne. M. Champion, dans son savant ouvrage sur les inondations, nous apprend que le sud-ouest fut dévasté deux fois dans ce siècle, une première fois en 1212, une seconde en 1281. Un fait lamentable signala cette dernière inondation à Toulouse. Les habitants s'étant rendus en procession sur le pont au plus fort de la crue pour conjurer le fléau suivant la coutume du temps, le pont céda, et 300 personnes disparurent dans les flots. Il est vrai que ce pont était en brique, comme on peut en juger par les débris que l'on voit encore non loin du pont de pierre. Si on compare le chiffre indiquant le nombre des crues par siècle, oh s'aperçoit qu'elles suivent une progression croissante : elles n'étaient que de deux au XIIIe siècle, on en signale quinze au XVIIIe. Tout en faisant la part qu'il convient d'attribuer à la négligence des anciens chroniqueurs, cette progression n'en paraît pas moins un fait sérieux. La comparaison des crues qui ont eu lieu dans notre siècle nous révèle un autre fait non moins digne d'attention : c'est une intensité également croissante ; en ne tenant compte que de celles qui ont amené des désastres, nous en trouvons quatre qui se suivent en augmentant chaque fois de hauteur et de puissance dévastatrice. La première, celle du 12 mai 1827, dépassait 6 mètres à l'étiage du pont de Toulouse. Le souvenir des ravages qu'elle causa dans le quartier de Tounis et de l'héroïsme que montra en cette occasion le maire, M. de Montbel, n'est pas encore effacé de la mémoire des habitants. Celle du 30 mai 1835 atteignait environ 7 mètres ; en 1855, l'eau monta à 7m,20. Les riverains de la Garonne ne pensaient pas que cette crue pût être dépassée, et nous avons vu combien cette croyance, devenue un article de foi, leur a été funeste. Cette crue fut cependant dépassée de 2m,50 par celle de 1875, la plus formidable de toutes celles qui aient été consignées dans nos annales, à en juger par la hauteur des eaux aux ponts de Toulouse et d'Agen ainsi que par les dévastations accomplies sur les deux rives. Ces grandes inondations tombent d'ordinaire en mai et en juin, fait qui s'explique du reste de la façon la plus simple par la fonte des neiges des Pyrénées, qui coïncide fatalement avec les premières pluies chaudes du printemps ou de l'été.

Cette intensité toujours croissante des crues a été attribuée d'un accord unanime au déboisement des montagnes, déboisement qui est allé toujours en grandissant malgré les tardives et souvent impuissantes mesures prises par l'administration des forêts. Le mal trouvé, le remède se présentait de lui-même : reboiser les montagnes et notamment les pentes abruptes des Pyrénées, d'où s'élancent les torrents qui en quelques heures jettent dans la Garonne des masses d'eau diluviennes. Ce cri est aujourd'hui à l'ordre du jour parmi les populations du sud-ouest, peu au courant d'ailleurs des difficultés, on pourrait peut-être dire des impossibilités d'une telle entreprise. L'idée est bonne en soi. Reboiser en effet les flancs des montagnes, c'est d'un côté supprimer la vitesse de l'eau, qui, au lieu de se précipiter dans une course enfiévrée le long des pentes dénudées, ne chemine plus que difficilement et pour ainsi dire pas à pas à travers les obstacles qu'elle rencontre en venant se heurter d'abord aux branches et aux feuillages des arbres, plus tard aux troncs et aux racines, enfin au gazon qui tapisse toujours le sol des forêts. D'un autre côté, la masse de l'eau est considérablement réduite par ces mêmes plantes, qui font l'office d'*éponge*. En effet, la pluie, arrêtée pour ainsi dire au passage, pénètre dans le sol au lieu de l'effleurer, l'imbibe et s'y condense. Là elle est rencontrée par les racines des arbres et par l'espongiole des plantes herbacées, qui lui en soutirent une partie pour alimenter la sève et fournir à l'évaporation des feuilles. Les deux composantes de toute inondation, le volume d'eau et sa vitesse, se trouvent ainsi, sinon entièrement supprimées, du moins considérablement atténuées. En se plaçant à d'autres points de vue, on peut, il est vrai, faire des objections à cette manière de voir, et il semblerait même résulter de certaines expériences dues à des hommes compétents que les forêts favorisent plus qu'elles n'empêchent les débordements, car les arbres sont de grands réservoirs d'humidité et paraissent dans certains cas agit comme condensateurs par rapport aux nuages. Nous croyons toutefois que les inconvénients qu'on signale se rapportent à la fréquence plutôt qu'à l'intensité des pluies, et que celles-ci sont toujours notablement atténuées dans leurs effets surtout, quand elles tombent sur des montagnes aux pentes abruptes.

La difficulté de reboiser les Pyrénées ne vient donc pas de ce côté, elle tient à des causes d'un ordre tout différent. La question du reboisement est en effet intimement liée à l'existence même de la population pastorale répandue sur l'immense chaîne. C'est elle qui a détruit les forêts qui couvraient jadis toutes ces montagnes pour augmenter le pacage de ses troupeaux, c'est elle qui s'oppose toujours au reboisement d'une manière sourde et latente devant laquelle l'administration est complètement désarmée. Ce que je viens de dire s'applique surtout aux populations qui habitent la zone supérieure des Pyrénées, celle qui touche à la région des neiges et des glaciers. La longueur ainsi que la rigueur de l'hiver rendant la culture des céréales peu productive, quelquefois impraticable dans ces hautes gorges, l'élève du bétail est la seule industrie possible ; dès lors l'arbre doit succomber pour faire place à la plante fourragère. La forêt, une fois disparue, ne peut plus reparaître devant les exigences de la vie pastorale, car les troupeaux, broutant les jeunes bourgeons à mesure qu'ils repoussent, font dépérir la plante avant qu'elle n'ait eu le temps de prendre racine. La chèvre étant l'animal destructeur par excellence, l'administration s'est maintes fois occupée d'arrêter ses ravages en proscrivant ou du moins en réduisant à d'étroites limites le nombre que chaque localité pourrait élever. Peine perdue ! le pâtre pyrénéen a su avoir raison des arrêts préfectoraux. S'il est en désaccord avec l'administration supérieure, il a pour lui l'approbation tacite et la connivence de l'autorité municipale, dont les intérêts sont les mêmes que les siens. Pour qu'un candidat soit porté sur la liste du conseil communal, il n'est pas besoin qu'il fasse profession de foi politique ; son programme se réduit à un seul article : la résistance aux décrets qui ont pour but de restreindre le droit de libre parcours. Je me trouvais dans une de ces communes pastorales de la Haute-Ariège lors des élections municipales de 1865, et je pus juger de l'importance que les populations pyrénéennes attachent à cette question des pâturages. Les électeurs allaient au scrutin, répondant à ceux qui les interrogeaient sur les noms de leur liste : *Pourtam es que soun per as crabos* (nous portons ceux qui sont pour les chèvres). Forcer ces populations à reboiser leurs montagnes serait par conséquent tenter la solution d'un problème insoluble et renouveler peut-être l'insurrection des *demoiselles*,[1] qui éclata vers les dernières années de la restauration au sujet de la promulgation du code forestier. Les restrictions apportées par cette loi à la jouissance des forêts ne pouvaient être acceptées

---

1 Ce nom donné aux insurgés provenait du déguisement qu'ils avaient choisi pour ne pas être reconnus. Ils se noircissaient la figure avec un charbon, mottaient un bonnet de coton sur leur tête et jetaient une chemise par-dessus leurs épaules.

ni même comprises par des hommes habitués à considérer ces montagnes comme une propriété collective. Aussi une résistance maintes fois sanglante s'engageait-elle entre les pâtres d'une part et de l'autre les gardes forestiers, les gendarmes et tous ceux qui étaient chargés de faire respecter la nouvelle loi. L'insurrection sévit principalement dans la Haute-Ariège, où plusieurs châteaux furent incendiés. Plus récemment, quand l'administration a tenté de reboiser quelques-unes de ces montagnes, on a vu les habitants des villages voisins s'entendre pour que chaque famille déléguât à tour de rôle un de ses membres charge d'aller arracher pendant la nuit les plantations. Les cultivateurs de la zone inférieure des Pyrénées, dont les intérêts sont exclusivement agricoles, ne se soucient pas davantage de remplacer leur récolte annuelle de céréales par des taillis qui ne deviendraient productifs que tous les vingt ans, et on voit que devant cette résistance unanime de toutes les populations du pays il est inutile de songer à prévenir les désastreux effets des inondations par le reboisement des montagnes. Cependant des essais partiels de reboisement ou de gazonnement faits dans ces dernières années, notamment dans les Alpes, ont pleinement réussi. L'administration a eu raison du mauvais vouloir des habitants, grâce à la fermeté et à l'énergie des mesures prises pour faire triompher la loi ; mais, de l'avis de tous les hommes compétents, en tête desquels il convient de placer les ingénieurs hydrographes, il est heureusement une autre méthode qui permet d'arriver aux mêmes fins sans provoquer aucune résistance de la part des populations. Je veux parler des déversoirs naturels ou artificiels qu'on pourrait établir sur tout le parcours supérieur de la Garonne et de ses affluents pyrénéens. Cette méthode est à la fois si simple et si naturelle qu'elle se présenta d'elle-même aux anciens peuples dès les premiers jours de leur organisation. Les voyageurs qui visitent les Andes du Pérou rencontrent au haut des vallées des restes de constructions remontant à l'époque des incas et destinées à emmagasiner l'eau des glaciers, prévenant ainsi les inondations soudaines et remplaçant par des canaux habilement dirigés l'eau des pluies, rares, comme on sait, sur les côtes du Pacifique. Il y a plus de cinquante siècles, un pharaon dont Hérodote nous a transmis le nom fit creuser dans la vallée du Nil un lac destiné à régulariser les inondations périodiques du fleuve. La description qu'en fait l'historien grec donne une idée de la grandeur du travail, qu'il place au-dessus du Labyrinthe, après avoir déclaré que le Labyrinthe est la plus grande merveille du monde, et qu'il l'emporte autant sur les pyramides que celles-ci l'emportent sur les temples d'Éphèse et de Samos. « Il a de tour 3,600 stades (de 600 à 700 kilomètres), c'est-à-dire autant de circuit que la côte maritime d'Égypte a d'étendue. Ce lac, dont la longueur va du nord au midi, a 50 brasses de profondeur à l'endroit où il est le plus profond. On l'a creusé de main d'homme... Les eaux du lac Mœris ne viennent pas de source ; il les tire du Nil par un canal de communication. Pendant six mois, elles coulent du Nil dans le lac, et pendant les six autres mois du lac dans le fleuve. »

Telle était la solidité de la construction que ce lac existe encore aujourd'hui. Ce que les incas et les pharaons ont pu exécuter avec des esclaves, ne pourrions-nous pas le faire avec les ressources que la science met à la disposition d'une nation puissante ? Des études faites par divers ingénieurs ont démontré que la région pyrénéenne où la Garonne et ses affluents prennent leur source se prêterait facilement à un travail de ce genre. Certaines hautes vallées offrent des dépressions considérables sur le cours des gaves qui les traversent. Il suffirait d'établir un barrage pour les transformer en réservoirs naturels. Dans d'autres localités, on creuserait des lacs artificiels aboutissant par une tranchée aux cours d'eau dont ils seraient les déversoirs. On établirait ainsi le long du fleuve et des principales rivières qui l'alimentent une suite de canaux perpendiculaires à la direction du courant. Qu'une crue se produise, et l'eau, entrant dans les percées latérales qu'elle rencontre sur son passage, se déverse dans les réservoirs, perdant ainsi chaque fois l'excès de masse et de vitesse qu'elle reçoit de la pluie ou de la fonte des neiges. Dans les temps de sécheresse, c'est l'inverse qui a lieu : l'eau emmagasinée au printemps revient du réservoir à la rivière. On peut peupler ces étangs artificiels et retirer de la pêche un revenu assuré. Les terrains qui les entourent, recevant dans les crues extraordinaires un limon fertilisant, n'en deviendraient que plus productifs pour l'agriculture. La destruction des digues et des barrages que nécessite un pareil travail, et qui peuvent être entraînés par les eaux lors des grandes inondations, quelle que soit la solidité de la construction, n'est point une objection suffisante pour faire oublier les immenses avantages qu'on en retirerait. Une difficulté plus sérieuse, la seule, à vrai dire, qu'on puisse invoquer, est celle de la dépense qu'entraîneraient de tels travaux ; cette dépense a été évaluée à 120 ou 130 millions.

Des ouvrages d'une nature spéciale ont été proposés pour défendre le faubourg Saint-Cyprien, la plus importante après Toulouse de toutes les localités situées sur le cours de la Garonne, dans la zone des inondations, et la plus exposée, car elle est bâtie sur un terrain bas et ne se trouve protégée que par le quai Dillon. Deux projets ont été examinés par les ingénieurs des ponts et chaussées : l'ouverture d'un canal qui longerait le faubourg en passant derrière les terrains occupés par les habitations, et l'agrandissement du pont de pierre du côté du quai Dillon. Ce dernier projet rie pourrait être réalisé qu'en reculant ce quai et en détruisant l'Hôtel-Dieu, qui se trouve à la tête du pont, afin de faire place à l'établissement de nouvelles arches. loi encore il est à craindre qu'on ne recule devant les dépenses que nécessiteraient les expropriations et les travaux d'art, et cependant les événements du mois de juin ont démontré que l'exécution de ces deux projets est indispensable pour la sécurité du faubourg tant qu'on n'aura pas établi dans la région pyrénéenne le système de déversoir dont il vient d'être question. Le canal de fuite proposé en arrière de Saint-Cyprien, et dont la construction a été évaluée à plusieurs millions, ne pourrait-il pas être exécuté avec une dépense beaucoup moindre en faisant travailler à tour de rôle les soldats de la garnison de Toulouse, tous aptes à ce genre de travail, puisqu'il ne s'agit que de creuser sur un terrain d'alluvion ? Quoi qu'il en soit du sort réservé à ces projets, le ministre des travaux publics a promis avant de quitter Toulouse, et après avoir jugé par lui-même de l'état des lieux, qu'il allait s'occuper sérieusement des moyens propres à éviter le retour de pareils désastres. A la suite d'une conférence tenue le 20 juillet à la préfecture avec les inspecteurs-généraux et les ingénieurs des ponts et chaussées, dans laquelle ont été exposés tous les projets indiqués par la science, M. Caillaux a déclaré qu'il allait faire reprendre les études commencées à la suite de l'inondation de 1855. Il a fait aussi connaître son intention d'organiser sur de larges bases aux divers points des Pyrénées des observatoires météorologiques dans le genre de celui que le général de Nansouty a établi si heureusement au Pic du Midi de Bigorre, et de compléter cette mesure par la création d'un service spécial chargé d'annoncer les crues de la Garonne à toutes les localités situées sur le cours du fleuve, dès que ces crues commencent à se manifester en amont. Dès son arrivée à Paris, le ministre a effectivement nommé une commission d'ingénieurs chargés d'examiner toutes les questions qui se rattachent à la solution d'un tel problème. Espérons que cette impulsion portera ses fruits et aboutira sous peu à des résultats pratiques.

Envisagée à un autre point de vue, l'inondation du 23 juin n'est pas sans enseignement. Plus d'un géologue s'était demandé, en étudiant les alluvions qui forment le sol de nos vallées et qu'on attribue généralement à l'action des anciens glaciers, si on n'accordait pas quelquefois trop d'importance aux phénomènes de l'époque glaciaire, et si dans quelques cas il ne convenait pas de rapporter aux inondations de l'époque actuelle la partie la plus superficielle de ces dépôts. Pour ma part, il y a longtemps que je m'étais posé cette question, en Espagne dans la vallée de l'Èbre, en Amérique dans celle du Parahyba, à la vue de certains blocs erratiques attribués par la science moderne aux anciens glaciers des montagnes qui couronnent ces vallées, tandis qu'il me paraissait à la fois plus simple et plus rationnel de n'y voir que les suites d'inondations relativement récentes. Les immenses dépôts accumulés dans certains coins des Pyrénées lors des débordements du 23 juin viennent de donner une nouvelle force à cette manière de voir. Un géologue bien connu par ses recherches sur l'époque préhistorique, M. Cartaillac, a lu devant la Société d'histoire naturelle de Toulouse un travail où il raconte les résultats de ses voyages dans les diverses vallées pyrénéennes visitées par l'inondation. Le passage suivant, emprunté à son récit sur le village de Verdun, résume les appréciations nouvelles qui commencent à se faire jour dans cette partie de la science. « L'énorme dépôt qui s'est formé sur l'emplacement du village offre une certaine analogie avec ceux que l'on appelle *morainiques*, et qui sont l'œuvre, soit des glaciers actuels, soit des glaciers anciens bien autrement considérables ; la ressemblance est d'autant plus exacte que les éléments de ce dépôt sont empruntés aux véritables moraines qui tapissent les petites vallées. Les caractères que M. Charles Martins signale dans les *fausses moraines* y manquent, sauf celui qui résulte des *galets striés*. Cette observation permettrait peut-être de faire jouer un rôle plus considérable aux eaux torrentielles dans la formation de collines d'alluvion à grands blocs que plusieurs géologues attribuent seulement à l'époque et à l'action immédiate des glaciers primitifs. » Cette nouvelle manière de voir, qui d'ailleurs n'infirme en rien la brillante théorie d'Agassiz sur les effets de l'époque glaciaire, est d'autant plus naturelle que tous les documents historiques et géologiques nous permettent de conjecturer que les inondations, étaient dans les temps reculés sinon plus fréquentes, du moins plus considérables qu'aujourd'hui. Dans la Haute-Égypte, on voit encore marquée sur les rochers de la grande cataracte la hauteur de crues qu'atteignait le Nil à l'époque des pharaons, et cette hauteur dépasse de plusieurs mètres le niveau des grandes eaux d'aujourd'hui. Dans l'Amérique du sud, Agassiz a fait la même remarque au sujet de certains affluents de l'Amazone. Rien d'étonnant d'après cela que les géologues se soient mépris sur les limites souvent indécises qui séparent l'action de l'époque contemporaine de celle des glaciers de l'époque post-pliocène. Les dépressions du sol produites en maints endroits dans la région pyrénéenne ont soulevé une autre question non moins importante au point de vue géologique. Depuis que Lyell nous a appris que les soulèvements des montagnes s'expliquaient beaucoup mieux par des mouvements insensibles de l'écorce du globe amenés par les forces naturelles qui agissent aujourd'hui à la surface de la terre que par les soubresauts convulsifs de l'école de Cuvier, dus à des causes surnaturelles ou inexplicables, on s'est mis à noter avec soin les localités qui paraissent s'être exhaussées depuis qu'elles ont été le sujet d'observations directes. Dans les Pyrénées centrales, on avait remarqué l'élévation graduelle, du moins en apparence, de plusieurs fermes ou villages. Le plus important de ces phénomènes a été signalé à Montagagne, petit hameau de l'Ariège situé dans la montagne à quelques kilomètres au-dessus de la petite ville de la Bastide-de-Sérou. Il y a une quarantaine d'années, les habitants de cette dernière localité ne pouvaient apercevoir Montagagne. Peu à peu on commença à découvrir le clocher, puis l'église ; aujourd'hui on voit le village tout entier. Un tel fait suppose des mouvements de terrain, mais dans quel sens s'étaient-ils produits ? Est-ce au sol sur lequel est bâti le village qu'il fallait attribuer cet exhaussement, ou bien à celui de la Bastide-de-Sérou, placé plus bas ? Ne valait-il pas mieux ne voir dans tout cela qu'un affaissement du monticule qui sépare les deux localités et qui jadis cachait la première à la seconde ? Les dépressions du sol qu'on a remarquées au lendemain de l'inondation dans les mêmes localités semblent donner raison à l'heure qu'il est à cette dernière manière devoir. Du reste il n'est que sage d'attendre des observations plus précises pour se prononcer, car rien n'empêche que des mouvements de terrain de sens contraire, exhaussement d'un côté, abaissement de l'autre, se produisent dans des régions très voisines, et peut-être est-ce à des faits de ce genre autant qu'à la difficulté des observations qu'il convient d'attribuer la différence de chiffres obtenue par les géologues qui ont mesuré les principales cimes des Pyrénées depuis la fin du dernier siècle.

Une des conséquences les plus curieuses de l'inondation du 23 juin, c'est la solution qu'elle nous a donnée d'un problème archéologique intéressant le monde thermal qui se rend chaque année aux Pyrénées. Il s'agissait d'expliquer non le développement extraordinaire qu'ont pris depuis quelques années les sources minérales d'Aulus, mais l'oubli dans lequel elles étaient restées jusqu'à notre époque. La vogue d'aujourd'hui tient en grande partie aux événements de 1870. Au lieu d'envoyer leurs malades aux eaux d'Allemagne, les médecins de Paris, qui, comme on sait, font en partie la réputation des stations thermales, se sont imposé, paraît-il, et comme d'un accord tacite, l'obligation de ne plus diriger leurs clients du côté du Rhin. On ne pouvait prendre une telle détermination qu'à la condition de trouver en France des sources minérales pouvant lutter avec les eaux si renommées d'Allemagne. La liste des stations thermales répandues aux divers points de notre territoire étant très longue et les propriétés curatives des eaux de nature très diverse, les choix, quoique souvent assez divergents, n'ont été ni longs ni difficiles. Les cures extraordinaires qui se sont produites ces dernières années à Aulus et l'analyse que le docteur Garrigou a faite des sources ont déterminé quelques médecins à porter leurs préférences de ce côté. De l'avis de tous les praticiens qui les ont vues à l'œuvre, ces eaux sont sans rivales comme dépuratives, et possèdent au plus haut degré la propriété de réveiller l'énergie vitale. De là leur action héroïque dans le traitement des paralysies et de certaines affections spécifiques incurables partout ailleurs quand elles ont atteint un certain degré d'intensité, et qui disparaissent comme par miracle avec les eaux d'Aulus. Comment dès lors expliquer que des sources aux propriétés si merveilleuses fussent passées inaperçues des Gallo-Romains, qui ont laissé des vestiges de leur passage dans presque toutes nos grandes stations thermales des Pyrénées : Amélie-les-Bains, Luchon, Bigorre, Cauterets ? En 1848, lorsqu'on exécuta des fouilles pour la construction de la première buvette, les ouvriers avaient rencontré à 2 ou 3 mètres de profondeur un plancher en bois de chêne avec les débris d'une balustrade et une ouverture circulaire au milieu dans l'axe du griffon. Au fond se trouvaient des restes de verres et de poteries. Personne ne prêta aucune attention à cette trouvaille, elle ne revint en mémoire qu'en 1872 lorsqu'on démolit les anciennes constructions pour élever l'établissement thermal qu'on voit aujourd'hui. Les nouvelles tranchées étant plus profondes que celles de 1848, l'on trouva trois médailles impériales à l'effigie de Claude, Néron et Titus. Le problème était dès lors résolu, la contradiction disparaissait. Les thermes d'Aulus étaient connus et fréquentés dès les premiers siècles de notre ère. Restait à en expliquer la disparition, disparition si complète qu'elle n'avait laissé aucune trace dans le souvenir des habitants. Le mot de l'énigme nous fut donné dans la journée du 23 juin. Dans l'après-midi, au plus fort de l'orage, les étrangers qui se trouvaient au Grand-Hôtel, situé en face des thermes, entendirent un ébranlement formidable parti de ce côté. Chacun de courir aux fenêtres et de porter ses yeux sur la colline qui s'élève derrière la buvette. Un éboulis venait de se produire et avait recouvert de plusieurs mètres cubes de terre une source inexploitée qui se trouvait à droite de l'établissement. Un fait analogue s'était produit dans les siècles qui suivirent la domination gallo-romaine, sur l'emplacement où est située la source principale, et le défaut de sécurité, qui formait un des traits caractéristiques de cette époque, rendant la fréquentation des thermes difficile et souvent impossible, le souvenir d'Aulus s'était effacé de la mémoire des générations. Les sources continuaient, il est vrai, à sourdre plus bas ; mais les habitants du village, les seuls qui les connussent, effrayés à l'aspect du dépôt ocreux qui en tapissait le lit, et de la quantité de grenouilles et de salamandres qu'attirait la température relativement élevée de ces eaux, se gardaient d'y toucher, et n'osaient même y laisser boire leurs troupeaux. Il fallut, pour les remette en honneur, que la guerre d'Espagne de 1823 conduisît sur ces lieux un lieutenant du 4e de ligne qui, comprenant à la couleur ocreuse du dépôt qu'il avait devant lui une eau minérale, essaya d'en boire, et se vit délivré au bout d'un mois d'une affection constitutionnelle jugée incurable par tous les médecins qui l'avaient traité.

D'autres remarques pourraient encore être faites sur les résultats de l'inondation, car chaque grande crue, étant un phénomène géologique, se rattache intimement à la constitution physique du sol ; mais ce serait sortir de notre cadre, et d'ailleurs je crois en avoir assez dit pour donner une idée des causes qui ont amené les désastres, de la marche du fléau et des conséquences immédiates qui en dérivent. Au milieu de tant de ruines deux choses viennent nous consoler et reposer les yeux de ce navrant spectacle : ce sont d'abord les sublimes exemples de dévouement donnés par toutes les classes de la société à l'heure du danger. A Pinsaguel, on voit le gendarme Soulé, ancien cuirassier de Reichshofen, organiser à lui seul le sauvetage ; grâce à sa haute taille et à sa force peu commune, il affronte le courant, va de porte en porte, de fenêtre en fenêtre, chercher les victimes, les charge une à une sur ses épaules, et court les déposer à l'abri de l'atteinte des eaux. A Toulouse, il a pour émule entre mille l'ex-zouave Duluc ; ce dernier a déjà sauvé 18 personnes lorsqu'il est atteint en pleine poitrine par une épave que charriait le courant ; le sang s'échappe de sa blessure, et les personnes qui l'entourent, comprenant la gravité de sa situation, l'enferment dans une maison pour l'empêcher de recommencer. Quelques minutes après, il s'échappe par la fenêtre, court de nouveau au-devant du danger et sauve encore 9 victimes. A Grenade, c'est l'héroïque maire M. Barcouda, à qui des centaines de personnes doivent la vie. Il est à son poste dès le premier cri d'alarme, donnant les ordres nécessaires pour assurer le sauvetage et prêchant d'exemple. Cependant de l'autre côté du fleuve sont deux hameaux qui vont être broyés par le courant, si personne ne vole à leur secours. L'impétuosité des eaux est telle que les plus hardis reculent. Aucun marinier n'ose entrer dans sa barque. N'écoutant que la voix du devoir, M. Barcouda s'élance dans une embarcation, prêt à faire seul le trajet, s'il n'est pas suivi. Électrisés par son exemple, trois hommes se décident à l'accompagner, et les habitants des deux hameaux sont sauvés.

Partout ce sont les soldats et les bateliers luttant d'intrépidité et faisant le sacrifice de leur vie pour arracher les naufragés à la mort. Un autre spectacle non moins consolant nous est offert au lendemain du désastre. Les populations étaient revenues auprès de leurs anciennes demeures, attendant le retrait des eaux pour se construire des huttes dans les encoignures d'un mur avec les débris de leurs habitations. A travers les insondables tristesses inséparables d'une telle situation, on lisait sur toutes les physionomies une résignation passive qu'un observateur superficiel eût pu prendre pour une sorte de fatalisme oriental. Ce calme stoïque tirait sa source de la confiance où étaient ces malheureux que la France avait entendu leurs cris de détresse et qu'elle accourait à leur secours. On sait que leurs espérances étaient pleinement justifiées, et que le pays tout entier répondait à cet appel. Les millions s'ajoutant aux millions, on put bientôt se convaincre que le chiffre monterait assez haut pour permettre de reconstruire les habitations de tous ceux que l'inondation avait ruinés, de reconstituer leur mobilier, leurs instruments aratoires, leurs troupeaux. On est heureux de rappeler de tels faits, parce qu'ils attestent d'une manière irrécusable la vitalité du pays qui les voit se produire.

ISBN : 978-1722227982

www.ingramcontent.com/pod-product-compliance
Lightning Source LLC
Chambersburg PA
CBHW051333220526
45468CB00004B/1619